室内设计师
色彩搭配手册

COLOR
SCHEDULE
OF
INTEROR
DESIGNER

理想·宅 编

中国电力出版社
CHINA ELECTRIC POWER PRESS

内容提要

  本书从色彩的基础知识入手，详细介绍了色彩的理论常识，包括色彩的形成与分类、色彩的属性、色彩的角色等；之后针对配色印象、空间与色彩的关系进行系统而全面的讲解，同时讲述色彩设计的技巧，如无彩色设计、对比配色、调和配色设计等，并通过大量家居空间、商业空间的具体案例进行色彩分析，给室内设计师提供直观配色感受，发散设计思维。

图书在版编目（CIP）数据

室内设计师色彩搭配手册 / 理想·宅编 . — 北京：
中国电力出版社，2019.6
  ISBN 978 - 7 - 5198 - 3047 - 2

  Ⅰ.①室…　Ⅱ.①理…　Ⅲ.①室内装饰设计—色彩—
手册 Ⅳ .① TU238.2-62

  中国版本图书馆 CIP 数据核字（2019）第 066331 号

出版发行：中国电力出版社
地　　址：北京市东城区北京站西街 19 号（邮政编码 100005）
网　　址：http://www.cepp.sgcc.com.cn
责任编辑：曹　巍（010 - 63412609）
责任校对：王小鹏
责任印制：杨晓东

印　　刷：北京盛通印刷股份有限公司
版　　次：2019 年 6 月第一版
印　　次：2019 年 6 月北京第一次印刷
开　　本：889 毫米 × 1194 毫米　16 开本
印　　张：17
字　　数：475 千字
定　　价：128.00 元

前言

室内设计领域，经常会通过色彩表达居住者的性格，体现空间的设计风格，或者传达室内情感意象。因此，在室内设计工作中色彩是非常重要的元素，是针对目标群体的性别、年龄、兴趣爱好来制作更传神的空间氛围时不容忽视的要素。色彩信息传递的速度非常快，在进入眼球的瞬间即可在人们的头脑中形成一种印象。所以，毫不夸张地讲，不同的色彩搭配足以左右设计本身的效果和表现力。

《室内设计师色彩搭配手册》一书运用大量简明易懂的图例，以及全彩室内装饰实景图片，在逐一进行讲解不可背离的配色理论的同时，将枯燥的色彩常识变得简明化。内容涵盖了专业的色彩情感配色方法、色彩调整方案、色彩灵感来源等，并细致剖析材质、光源、图案、软装等外在因素与色彩表现的关系，展现了设计师必须要了解的配色技巧。

在进行配色设计时，很多设计师往往会陷入灵感枯竭的困境，这时就需要依靠大量优秀的设计案例来打开脑洞。因此，在本书最后精选了部分国内外优秀的家装及工装设计案例，并搭配专业的 CMYK 色值参考，以期拓宽广大设计师朋友的思路，碰撞出更多的设计灵感。

目录 CONTENTS

第三章
了解色彩情感与意向，
室内配色更加深入人心

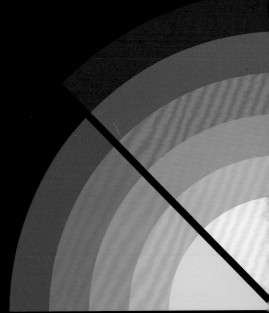
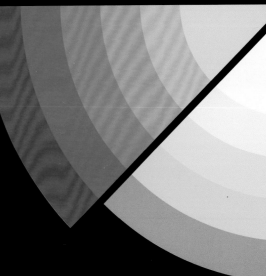

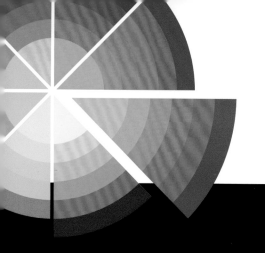

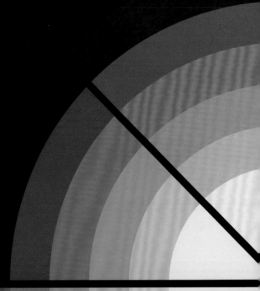
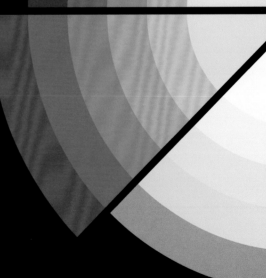

要想对家居空间进行合理的配色设计，

首先应该认识色彩，

了解色彩的形成、属性等基本常识。

只有充分认知色彩的特性，

才能够在家居配色时不出错，

从而设计出观感精美的空间。

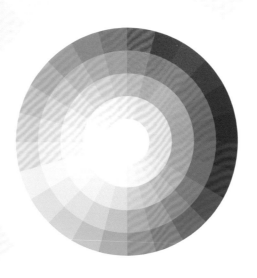

CHAPTER 1

第一章

掌握色彩基础理论，
配色才能得心应手

第一节

走近色彩，了解
色彩的形成与分类

一、形成

色彩是通过眼睛、大脑结合生活经验所产生的一种对光的视觉效应。如果没有光线，我们就无法在黑暗中看到任何物体的形状与色彩。色彩是与人的感觉和知觉联系在一起的，因此，在认识色彩的时候，我们所看到的并不是物体本身的色彩，而是对物体反射的光通过色彩的形式进行的感知。

△光线在物体表面反射或穿透，进入人的眼睛，再传递到大脑。例如，人看到的椅子是绿色的，并不代表椅子本身是绿色，而是人类的脑垂体和脑部结构判断出了绿色

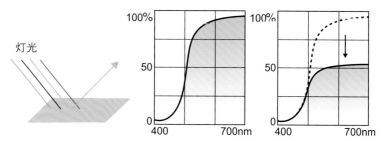

（注：图中的曲线代表波长及其变化对于色彩呈现的影响）

△当灯光照射到绿色椅子上，大量绿色波长被反射时，椅子会显示为鲜艳的绿色；而少量绿色波长被反射时，椅子则会显示为淡雅的绿色

二、分类

丰富多样的颜色可以分成两个大类，即无彩色系和有彩色系。有彩色系是具备光谱上的某种或某些色相，通称为彩调。与此相反，无彩色系就没有彩调。另外，无彩色系有明有暗，表现为白色、黑色，也称色调。有彩色系的表现复杂，但可以用色相、纯度和明度来确定。

色彩分类	概　念	居室应用
暖色系	◎给人温暖感觉的颜色 ◎包括紫红色、红色、红橙色、橙色、黄橙色、黄色、黄绿色等 ◎给人柔和、柔软的感觉	◎若大面积使用高纯度暖色系容易使人感觉刺激 ◎可调和使用
冷色系	◎给人清凉感觉的颜色 ◎包括蓝绿色、蓝色、蓝紫色等 ◎给人坚实、强硬的感觉	◎不建议将大面积暗沉冷色系放在顶面和墙面，容易使人感觉压抑
中性色	◎紫色和绿色没有明确的冷暖倾向 ◎冷色、暖色之间的过渡色	◎绿色为主色时，能够塑造惬意、舒适的自然感 ◎紫色高雅且有女性特点
无彩色系	◎没有彩度变化的颜色 ◎包括黑色、白色、灰色、银色、金色	◎单一无彩色不易塑造强烈个性 ◎两种或多种无彩色搭配，能塑造强烈个性

暖色系

冷色系

中性色

无彩色系

三、色相环

色相环是指一种圆形排列的色相光谱，色彩是按照光谱在自然中出现的顺序来排列的。在色相环中暖色系位于包含红色和黄色的半圆之内，冷色系包含在绿色和紫色的半圆内，互补色则出现在彼此相对的位置上。常见的色相环分为 12 色相环与 24 色相环。

1. 12 色相环

12 色相环是由原色、二次色和三次色组合而成。色相环中的三原色是红、黄、蓝，在圆环中形成一个等边三角形；二次色是橙、紫、绿，处在三原色之间，形成另一个等边三角形。红橙、黄橙、黄绿、蓝绿、蓝紫和红紫六色为三次色。三次色是由原色和二次色混合而成，井然有序的色相环能清楚表达出色彩平衡、调和后的效果。

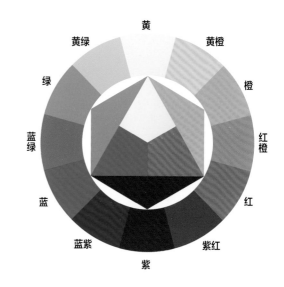

2. 24 色相环

奥斯特瓦尔德颜色系统的基本色相为黄、橙、红、紫、蓝、蓝绿、绿、黄绿 8 个主要色相，每个基本色相又分为 3 个部分，组成 24 个分割的色相环，从 1 号排列到 24 号。

在 24 色相环中彼此相隔 12 个数位或者相距 180 度的两个色相，均是互补色关系。互补色结合的色组，是对比最强的色组，使人的视觉产生刺激性、不安定性。相隔 15 度的两个色相，均是同种色对比，色相感单纯、柔和、统一，趋于调和。

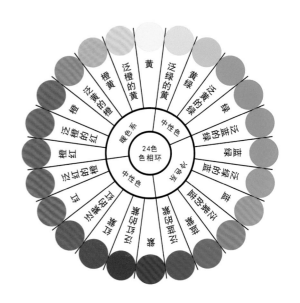

四、CMYK 与 RGB

CMYK 是一种专门针对印刷业设定的颜色标准，是通过对青（C）、洋红（M）、黄（Y）、黑（K）四个颜色变化以及相互之间的叠加得到的各种颜色。CMYK 即代表青、洋红、黄、黑四种印刷专用的油墨颜色。

RGB 色彩模式是工业界的一种颜色标准，是通过对红（R）、绿（G）、蓝（B）三个颜色通道的变化以及相互之间的叠加得到各式各样的颜色。RGB 即代表红、绿、蓝三个通道的颜色，这个标准几乎包括了人类视力所能感知的所有颜色，是目前运用最广的颜色系统之一。

CMYK、RGB 色系表

色彩	C	M	Y	K	R	G	B
	0	100	100	45	139	0	22
	0	100	100	25	178	0	31
	0	100	100	15	197	0	35
	0	100	100	0	223	0	41
	0	85	70	0	229	70	70
	0	65	50	0	238	124	107
	0	45	30	0	245	168	154
	0	20	10	0	252	218	213
	0	90	80	45	142	30	32
	0	90	80	25	182	41	43
	0	90	80	15	200	46	49
	0	90	80	0	223	53	57
	0	70	65	0	235	113	83
	0	55	50	0	241	147	115
	0	40	35	0	246	178	151
	0	20	20	0	252	217	196
	0	60	100	45	148	83	5
	0	60	100	25	189	107	9
	0	60	100	15	208	119	11
	0	60	100	0	236	135	14
	0	50	80	0	240	156	66
	0	40	60	0	245	177	109
	0	25	40	0	250	206	156
	0	15	20	0	253	226	202

色彩	C	M	Y	K	R	G	B
	0	40	100	45	151	109	0
	0	40	100	25	193	140	0
	0	40	100	15	213	155	0
	0	40	100	0	241	175	0
	0	30	80	0	243	194	70
	0	25	60	0	249	204	118
	0	15	40	0	252	224	166
	0	10	20	0	254	235	208
	0	0	100	45	156	153	0
	0	0	100	25	199	195	0
	0	0	100	15	220	216	0
	0	0	100	0	249	244	0
	0	0	80	0	252	245	76
	0	0	60	0	254	248	134
	0	0	40	0	255	250	179
	0	0	25	0	255	251	209
	60	0	100	45	54	117	23
	60	0	100	25	72	150	32
	60	0	100	15	80	166	37
	60	0	100	0	91	189	43
	50	0	80	0	131	199	93
	35	0	60	0	175	215	136
	25	0	40	0	200	226	177
	12	0	20	0	230	241	216
	100	0	90	45	0	98	65
	100	0	90	25	0	127	84
	100	0	90	15	0	140	94
	100	0	90	0	0	160	107
	80	0	75	0	0	174	114
	60	0	55	0	103	191	127
	45	0	35	0	152	208	185
	25	0	20	0	201	228	214
	100	0	40	45	0	103	107
	100	0	40	25	0	132	137
	100	0	40	15	0	146	152
	100	0	40	0	0	166	173
	80	0	30	0	0	178	191
	60	0	25	0	110	195	201
	45	0	20	0	153	209	211

色彩	C	M	Y	K	R	G	B
	25	0	10	0	202	229	232
	100	60	0	45	16	54	103
	100	60	0	25	24	71	133
	100	60	0	15	27	79	147
	100	60	0	0	32	90	167
	85	50	0	0	66	110	180
	65	40	0	0	115	136	193
	50	25	0	0	148	170	214
	30	15	0	0	191	202	230
	100	90	0	45	33	21	81
	100	90	0	25	45	30	105
	100	90	0	15	50	34	117
	100	90	0	0	58	40	133
	85	80	0	0	81	31	144
	75	65	0	0	99	91	162
	60	55	0	0	130	115	176
	45	40	0	0	160	149	196
	80	100	0	45	56	4	75
	80	100	0	25	73	7	97
	80	100	0	15	82	9	108
	80	100	0	0	93	12	123
	65	85	0	0	121	55	139
	55	65	0	0	140	99	164
	40	50	0	0	170	135	184
	25	30	0	0	201	181	212
	40	100	0	45	100	0	75
	40	100	0	25	120	0	98
	40	100	0	15	143	0	109
	40	100	0	0	162	0	124
	35	80	0	0	143	0	109
	25	60	0	0	197	124	172
	20	40	0	0	210	166	199
	10	20	0	0	232	211	227
	0	0	0	10	236	236	236
	0	0	0	20	215	215	215
	0	0	0	30	194	194	194
	0	0	0	35	183	183	183
	0	0	0	45	160	160	160
	0	0	0	55	137	137	137
	0	0	0	65	112	112	112
	0	0	0	75	85	85	85
	0	0	0	85	54	54	54
	0	0	0	100	0	0	0

从色相、纯度、明度
三种属性看配色

一、色相

当人们称呼一种色彩为红色、另一种色彩为蓝色时，指的就是色彩的色相这一属性，是一种色彩区别于其他色彩最准确的标准，除了黑、白、灰三色，任何色彩都有色相。即便是同一类颜色，也能分为几种色相，如黄颜色可以分为中黄、土黄、柠檬黄等，灰颜色则可以分为红灰、蓝灰、紫灰等。

CMYK
C80 M32 Y28 K0

CMYK
C83 M53 Y26 K0

CMYK
C93 M73 Y60 K26

△案例中运用了不同色相的蓝色，体现出多样化的配色特征

二、明度

明度指色彩的明亮程度，明度越高的色彩越明亮，反之则越暗淡。白色是明度最高的色彩，黑色是明度最低的色彩。三原色中，明度最高的是黄色，明度最低的是蓝色。同一色相的色彩，添加白色越多明度越高，添加黑色越多明度越低。

纯色的明度变化　　　　　　　　　　同色的明度变化

低明度 〈・・・・・・〉 高明度　　　　　低明度 〈・・・・・・〉 高明度

在室内配色设计当中，明度高的色彩让人感到轻快、活泼，明度低的色彩则给人沉稳、厚重之感。另外，明度差比较小的色彩互相搭配，可以塑造出优雅、稳定的室内氛围，让人感觉舒适、温馨；反之，明度差异较大的色彩互相搭配，会产生明快而富有活力的视觉效果。

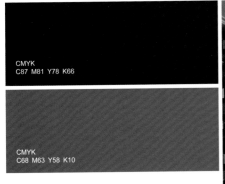

CMYK
C87 M81 Y78 K66

CMYK
C68 M63 Y58 K10

▷比重较大的低明度黑色塑造沉稳、大气的空间环境，搭配明度同样较低的灰色，配色具有层次的同时，也不会打破稳定感

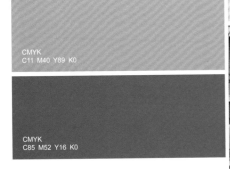

CMYK
C11 M40 Y89 K0

CMYK
C85 M52 Y16 K0

▷大面积高明度黄色带有热烈气息，与明度略低的蓝色搭配，造成强烈的明度差，极具视觉冲击

三、纯度

纯度指色彩的鲜艳程度，也叫饱和度、彩度或鲜度。原色的纯度最高，无彩色纯度最低，高纯度的色彩无论加入白色，还是黑色纯度都会降低。

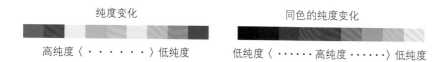

纯度变化　　　　　　　　　同色的纯度变化

高纯度〈·····〉低纯度　　　低纯度〈······高纯度······〉低纯度

在室内配色设计之中，纯度高的色彩往往给人鲜艳、活泼之感；纯度低的色彩给人素雅、沉稳之感。

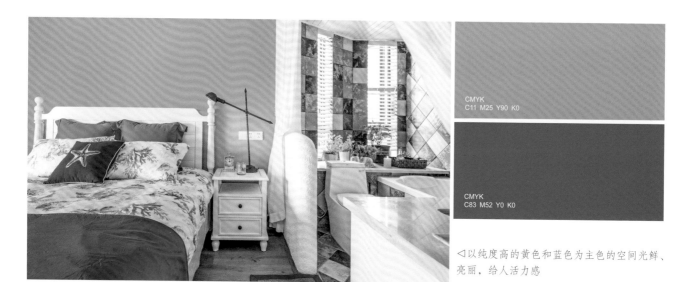

CMYK
C11 M25 Y90 K0

CMYK
C83 M52 Y0 K0

◁以纯度高的黄色和蓝色为主色的空间光鲜、亮丽，给人活力感

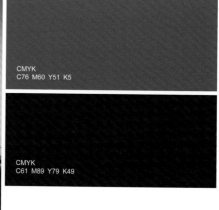

CMYK
C76 M60 Y51 K5

CMYK
C61 M89 Y79 K49

◁以纯度低的灰色和酒红色为主色的空间复古而典雅，稳定性较高

四、色彩三属性的相互关系

在进行家居配色时，整体色彩印象是由所选择的色相决定的，例如，使用红色与黄色或红色与蓝色等对比色组合为主色，会使人感觉欢快、热烈，使用蓝色或蓝色与绿色等类似色组合为主色，会使人感觉清新、稳定。而改变一个色相的明度和纯度就可以使相同色相的配色发生或细微或明显的变化。

CMYK
C8 M27 Y16 K0

CMYK
C75 M55 Y30 K0

△不改变卧室空间的背景色，仅仅更换床品色彩，粉色床品的组合使人感觉浪漫、唯美，具有女性化特征，而蓝色床品组合使人感觉稳定、理性，具有男性化风格倾向

CMYK
C75 M55 Y30 K0

CMYK
C39 M6 Y14 K0

△相同蓝色系的床品，左图纯度低，显得稳定、干练；右图提高了明度和纯度，使稳定程度有所降低，给人感觉明亮、轻快

在家居空间配色之前，

需要熟知配色的方式与原则，

例如，色彩四角色的分配比例，

色相型与色调型的配色方式，

运用色彩组合变化进行配色调和……

才能打造出令人感觉舒适的空间环境。

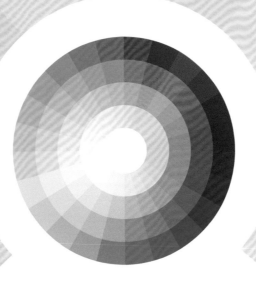

CHAPTER 2

第二章

熟知配色方式与原则，
打造不出错的空间色彩

第一节

合理分配色彩角色，室内配色才成功

一、了解色彩四角色

家居空间中的色彩，既体现在墙、地、顶，也体现在家具、布艺、装饰品等软装上。它们之中有占据大面积的色彩，也有占据小面积的色彩，还有以点存在的色彩，不同的色彩所起到的作用各不相同。只有将这些色彩进行合理区分，才是成功配色的基础之一。

1. 背景色

空间最大比例色彩（占比 60%），通常为墙、地、顶、门窗、地毯等大面积色彩，是决定空间整体配色印象的重要角色。

2. 配角色

陪衬主角色（占比 10%），视觉重要性和所占面积次于主角色。通常为小家具，如边几、床头柜等小面积色彩，使主角色更突出。

3. 主角色

居室主体色彩（占比 20%），包括大件家具、装饰织物等构成视觉中心的物体的色彩，是配色的中心。

4. 点缀色

居室中最易变化的小面积色彩（占比 10%），如工艺品、靠枕、装饰画等。通常颜色较鲜艳，若追求平稳也可与背景色靠近。

同一个空间中，色彩的角色并不局限于一个颜色，如客厅中顶面、墙面和地面的颜色常常是不同的，但都属于背景色。一个主角色通常也会有很多配角色来陪衬，协调好各个色彩之间的关系也是进行家居配色时需要考虑的。

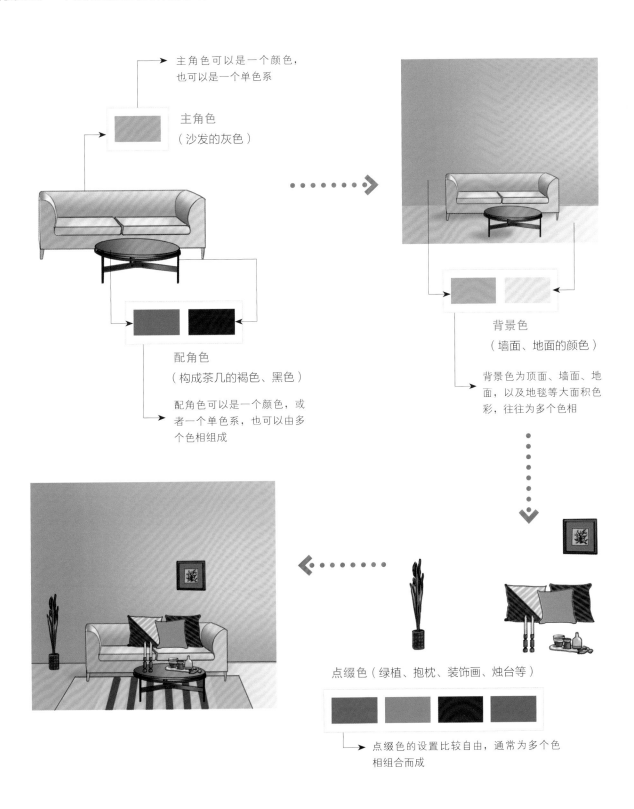

主角色可以是一个颜色，也可以是一个单色系

主角色
（沙发的灰色）

配角色
（构成茶几的褐色、黑色）

配角色可以是一个颜色，或者一个单色系，也可以由多个色相组成

背景色
（墙面、地面的颜色）

背景色为顶面、墙面、地面，以及地毯等大面积色彩，往往为多个色相

点缀色（绿植、抱枕、装饰画、烛台等）

点缀色的设置比较自由，通常为多个色相组合而成

二、背景色

在同一空间中，家具的颜色不变，只更换背景色，就能改变空间的整体色彩感觉。背景色由于具有绝对的面积优势，在一定程度上起着支配整体空间的效果。在顶面、墙面、地面等所有的背景色界面中，因为墙面占据人的水平视线部分，往往是最引人注意的地方。因此，改变墙面色彩是改变色彩感觉最为直接的方式。

△家具、装饰颜色不变，背景色为浊色调粉色的空间显得浪漫、女性化；背景色为浅米黄色的空间具有温馨、柔和的特质

同一组物体不同背景色的区别

淡雅的背景色给人柔和、舒适的感觉

艳丽的纯色背景给人热烈的感觉

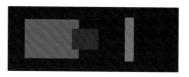

深暗的背景色给人华丽、浓郁的感觉

在家居空间中，背景色通常会采用比较柔和的淡雅色调，给人舒适感，若追求活跃感或者华丽感，则使用浓郁的背景色。另外，在空间配色设计时，若背景色与主角色是对比色搭配，色相差异大，空间印象紧凑、有张力；若背景色与主角色属于相邻色搭配，色相差异小，空间印象柔和、低调。

CMYK
C22 M24 Y26 K0

淡雅背景色

浅米灰墙面背景色色相淡雅，即使空间中搭配纯度较高的橙色，空间整体印象依然柔和、沉静

CMYK
C26 M85 Y72 K17

华丽背景色

大面积红色墙面背景，搭配线条精美的家具，整体空间呈现出华美的空间印象

背景色　　　　　　　　主角色

√**主角色和背景色融合**

餐桌椅同为主角色，与背景色相融合，形成协调、平和的空间印象

背景色　　　　　　　　主角色

√**主角色和背景色呈对比**

木色餐桌为主角色，与黑色的隔断墙面呈鲜明的对比，配色印象具有冲击

三、主角色

不同空间的主角有所不同，因此主角色也不是绝对性的，但主角色通常是功能空间中的视觉中心。例如，客厅中的主角色是沙发，餐厅中的主角色可以是餐桌也可以是餐椅，而卧室中的主角色绝对是床。另外，在没有家具和陈设大厅或走廊，墙面颜色则是空间的主角色。

CMYK
C48 M66 Y65 K40

△客厅中沙发占据视觉中心和中等面积，是多数客厅空间的主角色

CMYK
C86 M45 Y72 K42

△餐椅占据了绝对突出的位置，是开放式餐厅中的主角色

CMYK
C22 M24 Y26 K0

CMYK
C22 M24 Y26 K0

△卧室中，床是绝对的主角，具有无可替代的中心位置

CMYK
C49 M50 Y59 K18

CMYK
C45 M54 Y71 K26

△玄关中没有引人注目的家具，因此墙面和柜体色彩成为了主角色

主角色选择通常有两种方式，想要产生鲜明、生动的效果，可以选择与背景色或配角色呈对比的颜色；想要整体呈现协调、稳重的效果，则可以选择与背景色、配角色相近的同相色或类似色。

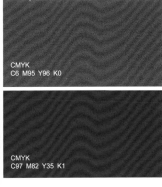

CMYK
C6 M95 Y96 K0

CMYK
C97 M82 Y35 K1

∨主角色与配角色对比

沙发红色，单人座椅蓝色，为对比配色，空间印象具有活力

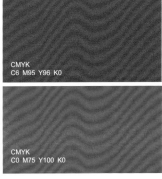

CMYK
C6 M95 Y96 K0

CMYK
C0 M75 Y100 K0

∨主角色与配角色相近

沙发红色，单人座椅橙色，为相近配色，空间印象温馨

空间配色可以从主角色开始

一个空间的配色通常从主要位置的主角色开始进行，例如选定客厅的沙发为红色，然后根据风格进行墙面即背景色的确立，再继续搭配配角色和点缀色，这样的方式使主体突出，不易产生混乱感，操作起来也比较简单。

主角色确定为红色　　　　　　展开"融合型"配色　　　　　　　展开"突出型"配色

四、配角色

配角色的存在，是为了更好地映衬主角色，通常可以让空间显得更为生动，能够增添空间活力。两种角色搭配在一起，构成空间的"基本色"。

△绿色铁艺座椅是空间中的配角色，虽然纯度较高，但由于面积占比少，不会压制作为主角色的木色餐桌，反而令空间配色显得十分生动

Tips

配角色的面积要控制

通常配角色所在的物体数量会多一些，需要注意控制住它的面积，不能使其超过主角色。

×配角色面积过大，致使主次不分明

√缩小配角色面积，形成主次分明且有层次的配色

配角色通常与主角色存在一些差异，以凸显主角色。配角色与主角色形成对比，则使主角色更加鲜明、突出；若与主角色邻近，则会显得松弛。

× 主角色与配角色邻近

空间配色虽然干净，但由于配角色与主角色相近，整体配色显得有些松弛

√ 主角色与配角色对比

配角色与主角色存在明显的明度差，主角色更显鲜明、突出

Tips

通过对比凸显主角色的方法

通常配角色所在的物体数量会多一些，需要注意控制住它的面积，不能使其超过主角色。

蓝色为主角色，搭配相近色　　　　提高两者的色相差　　　　对比色，更加凸显了蓝色

五、点缀色

点缀色通常是空间中的点睛之笔，用来打破配色的单调。对于点缀色来说，它的背景色就是它所依靠的主体，例如，沙发靠垫的背景色就是沙发，装饰画的背景就是墙壁。因此，点缀色的背景色可以是整个空间的背景色，也可以是主角色或者配角色。

装饰画

灯具

工艺品

抱枕

绿植

插花

△家居空间中常见的装饰品（通常为点缀色）

在进行色彩选择时通常选择与所依靠的主体具有对比感的颜色，来制造生动的视觉效果。若主体氛围足够活跃，为追求稳定感，点缀色也可与主体颜色相近。

CMYK
C37 M31 Y25 K0

CMYK
C29 M30 Y83 K0

√点缀色与主体色对比

沙发色彩为低明度灰色，抱枕色彩采用高明度黄色做点缀，配色层次丰富

CMYK
C85 M70 Y36 K1

CMYK
C52 M31 Y20 K0

CMYK
C33 M27 Y23 K0

√点缀色与主体色融合

主沙发色彩为纯度较高的蓝色，部分抱枕利用同色系的蓝色做点缀，部分抱枕和背景色相同色系，配色融合中又有变化

Tips

①点缀色的面积不宜过大

搭配点缀色时，注意点缀色的面积不宜过大，面积小才能够加强冲突感，提高配色的张力。

× 红色的面积过大，产生了对决的效果

√缩小红色的面积，起到画龙点睛的作用

②点缀色的点睛效果

× 点缀色过于淡雅，不能起到点睛作用

√高纯度的点缀色，使配色变得生动

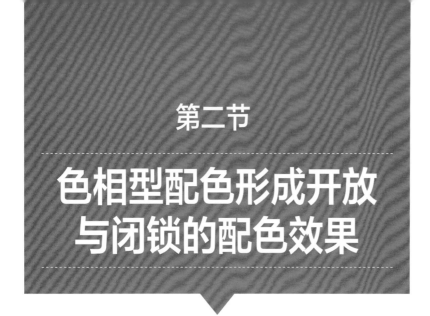

第二节
色相型配色形成开放
与闭锁的配色效果

一、了解色相型配色

家居配色设计时,通常会采用至少两三种颜色进行搭配,这种色相组合方式称为色相型。根据色相环的位置,色相型大致可以分为如下四种:

1 同相型、类似型相近位置的色相

2 对决型、准对决型位置相对或邻近相对的色相

3 三角型、四角型位置为三角形或四角形的色相

4 全相型涵盖各个位置色相的配色

色相型不同产生的效果也不同,总体可分为开放和闭锁两种感觉。其中,同相型、类似型配色属于闭锁型配色,对决型、准对决型、三角型、四角型,以及全相型均属于开放型配色。

1. 闭锁型

闭锁型的色相型用在家居配色中能够塑造出平和的氛围。

2. 开放型

开放型的色相型色彩数量越多,塑造的氛围越自由、越活泼。

二、同相型配色

同相型配色指采用同一色相中不同纯度、明度的颜色相搭配进行设计。这种搭配方式比较保守，具有执着感，能够形成稳重、平静的效果，相对来说也比较单调。

同相型配色虽然没有形成颜色的层次，但形成了明暗的层次。因此，不同的色相也会对空间产生不同印象，如暖色使人感觉温暖、冷色使人感觉平静等。

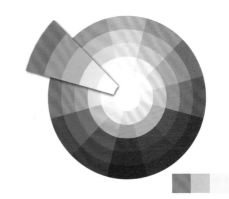

CMYK
C80 M49 Y30 K0

CMYK
C44 M19 Y23 K0

△卧室背景墙运用不同明度的蓝色护墙板进行设计，丰富配色层次的同时，也保持了空间所具有的沉稳性

三、同类型配色

同类型配色指用色相环上相邻的色彩搭配进行设计，即成 60 度角范围内的色相都属于近似型。这种配色关系比同相型配色的色相幅度有所扩大，仍具有稳定、内敛的效果，但会显得更加开放一些。此种色相型配色适合喜欢稳定中带有一些变化的人群，不会太活泼但也有层次感。

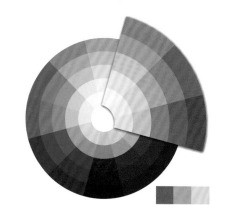

同类型配色的扩展

在 24 色相环上，一般 4 分左右的色彩为同类型配色的标准，但如果在色相环内同为冷暖色范围，8 分差距也可归为同类型配色。

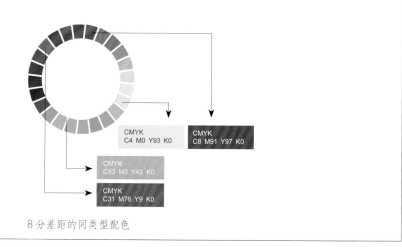

CMYK
C4 M0 Y93 K0

CMYK
C8 M91 Y97 K0

CMYK
C53 M3 Y42 K0

CMYK
C31 M76 Y9 K0

8 分差距的同类型配色

CMYK
C48 M31 Y9 K0

CMYK
C69 M78 Y4 K0

△沙发和单人座椅的配色为 4 分差距的同相型配色，具有稳定、冷静的效果

CMYK
C22 M87 Y68 K0

CMYK
C20 M15 Y48 K0

△客厅空间的软装配色为 8 分差距的同相型配色，感觉温馨且富有变化

四、对决型配色

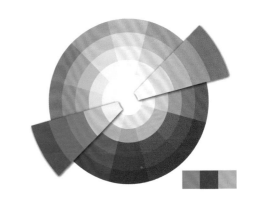

对决型是指在色相环上位于 180 度相对位置上的色相组合，如红、绿，黄、紫，橙、蓝。由于色相差大，视觉冲击力强，可给人深刻的印象，也可以营造出活泼、华丽的氛围。

在家居设计时，如果把对决型两个颜色的纯度都设置的高一些，搭配效果惊人，两个颜色会被对方完好地衬托出特征，展现出充满刺激性的艳丽色彩印象。另外，想要降低对决型配色带来的视觉冲击感，可适当降低两个颜色的纯度。

CMYK
C5 M72 Y94 K0

CMYK
C81 M75 Y54 K18

△大面积橙色和纯度较低的蓝色进行搭配，具有艺术化特征

CMYK
C44 M95 Y100 K11

CMYK
C73 M54 Y84 K14

△红色和绿色形成的对决型配色，具有强烈的视觉冲击

五、准对决型配色

准对决型配色是指在色相冷暖相反的情况下，将一个色相作为基色，与 120 度角左右位置的色相所组成的配色关系。此种配色形成的氛围与对决型配色类似，但冲突性、对比感、张力降低。

在家居配色中，如果寻求少量色彩的强烈冲击感，可以尝试使用准对决型配色来营造。

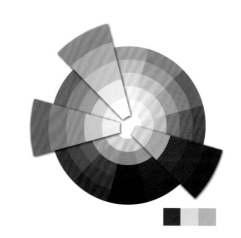

△大面积黄色空间中，用纯度较高的蓝色进行搭配，在具有张力的同时，也不乏紧凑感与平衡感

△用明色调的粉色和蓝色进行搭配，相对比红色与绿色的对决型搭配，刺激感削弱，缓和感增加

六、三角型配色

三角型配色指采用色相环上位于正三角形（等边三角形）位置上的三种色彩搭配的设计方式。三角型配色最具平衡感，具有舒畅、锐利又亲切的效果。最具代表性的是三原色组合，具有强烈的动感；三间色的组合效果则温和一些。

在进行三角型配色时，可以尝试选取一种色彩作为纯色使用，另外两种做明度或纯度上的变化。这样的组合既能够降低配色的刺激感，又能够丰富配色的层次。如果是比较激烈的纯色组合，最适合的方式是作为点缀色使用，太大面积的对比感比较适合追求前卫、个性的人群，并不适合大众。

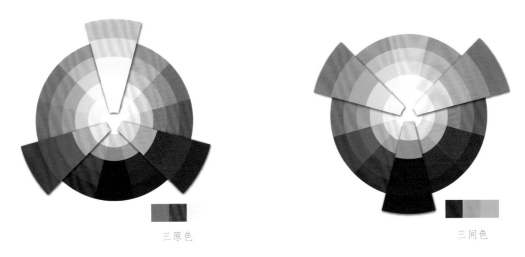

三原色　　　　　　　　　　　　　　三间色

CMYK
C47 M100 Y96 K19

CMYK
C20 M26 Y91 K0

CMYK
C65 M25 Y0 K0

△纯度较高的三原色搭配，空间配色印象鲜亮有活力

CMYK
C46 M92 Y86 K14

CMYK
C33 M32 Y55 K0

CMYK
C70 M55 Y49 K1

△降低了纯度的三原色搭配，且小面积使用，配色印象素雅而平和

七、四角型配色

四角型配色指将两组对决型或准对决型搭配的配色方式，用更直白的公式表示可以理解为：对决型／准对决型＋对决型／准对决型＝四角型。

四角型配色能够形成极具吸引力的效果，暖色的扩展感与冷色的后退感都表现得更加明显，冲突也更激烈，最使人感觉舒适的做法是小范围地将四种颜色用在软装饰上，例如沙发靠垫。如大面积地使用四种颜色，建议在面积上分清主次，并降低一些色彩的纯度或明度，减弱对比的尖锐性。

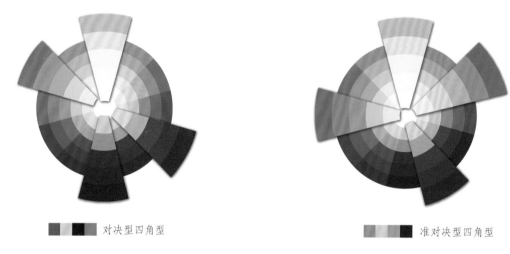

对决型四角型　　　　　　　　　　　　　　准对决型四角型

CMYK	CMYK	CMYK	CMYK
C40 M89 Y76 K4	C73 M44 Y100 K4	C15 M21 Y89 K0	C59 M98 Y49 K7

△四角型配色令空间显得活泼、生动，为了避免配色过于刺激，可用无色系进行调和

八、全相型配色

全相型配色是所有配色方式中最开放、最华丽的一种，使用的色彩越多就越自由、喜庆，具有节日气氛，通常使用的色彩数量有五种，常被认为是全相型。活泼但不会显得过于激烈的就使用五色全相型，最适合的方法是用在小装饰上。

没有任何偏颇地选取色相环上的六个色相组成的配色就是六色全相型，是色相数量最全面的一种配色方式，包括两个暖色、两个冷色和两个中性色，比五色更活泼一些。选择一件本身就是六色全相型的家具或布艺，是最不容易让人感觉混乱的设计方式。

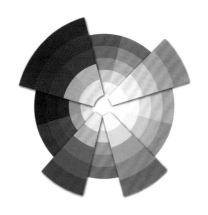

CMYK
C20 M100 Y100 K12

CMYK
C7 M25 Y86 K0

CMYK
C86 M45 Y8 K0

CMYK
C86 M27 Y98 K14

CMYK
C61 M81 Y3 K0

五相型配色

△空间中的软装运用了五相型配色，极具活力，同时用大面积白色进行搭配，令空间同时具有了通透感

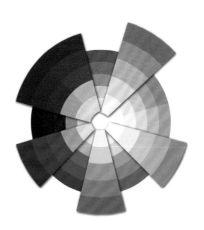

CMYK
C24 M98 Y60 K0

CMYK
C66 M34 Y100 K19

CMYK
C45 M62 Y6 K0

CMYK
C62 M10 Y14 K0

CMYK
C55 M55 Y31 K1

CMYK
C27 M42 Y100 K5

六相型配色

△空间配色虽然为六相型，但由于色彩多为浊色，因此客厅整体色彩不会显得过于激烈

第三节

色调型表达色彩外观的基本倾向

一、了解色调型配色

色调是色彩外观的基本倾向，指色彩的浓淡和强弱程度。色调型主导配色的情感意义在于，一个家居空间中即使采用了多个色相，只要色调一致，就会使人感觉稳定、协调。

CMYK
C18 M13 Y100 K0

CMYK
C17 M83 Y99 K6

△空间运用了较多纯色调进行配色设计，活泼、热烈中不失稳定

CMYK
C32 M99 Y95 K46

深色调红色成熟

CMYK
C12 M99 Y93 K2

纯色调红色热情

CMYK
C11 M37 Y8 K0

淡色调红色温柔

　　色调主导了色彩的情感意义，所谓的情感意义是指一种色彩给人的感觉，例如，纯正的红色让人感觉热情、火热，而深红色则倾向于复古、厚重，淡红色则更为柔和。用女性比喻的话，纯色调的红色热情、深色调的红色成熟，而淡色调的红色温柔。

二、纯色调配色

纯色调是没有掺杂任何白色、黑色或灰色的色调，因为没有混入其他颜色，因此最鲜艳、纯粹，具有强烈的视觉吸引力；也正因为如此，纯色调会显得比较刺激，在家居中若大面积使用，要注意搭配。

情感意义：鲜明、活力、热情、健康、艳丽、开放、醒目

三、明色调配色

纯色调中加入少量白色形成的色调为明色调，鲜艳度比纯色调有所降低，并减少了热烈与娇艳的程度。同时由于色彩中完全不含有灰色和黑色，所以显得更通透、纯净，是一种深受大众喜爱的色调。

情感意义：大众、天真、单纯、快乐、舒适、纯净

四、淡色调配色

纯色调中加入大量白色形成的色调为淡色调，由于没有加入黑色和灰色，并将纯色的鲜艳度大幅度降低，因此显得如婴儿般轻柔。这种色彩十分适合女性及儿童空间，可以表达出天真浪漫的气息。

情感意义：童话、温和、朦胧、温柔、淡雅、舒畅

五、浓色调配色

　　纯色中加入少量黑色形成的色调为浓色调，是由健康的纯色和厚实的黑色组合而成，给人以力量感和豪华感。与活泼、艳丽的纯色调相比，浓色调更显厚重、沉稳、内敛，并带有品质感。

情感意义：质感、浓郁、华贵、强力、高档、稳重

六、淡浊色调配色

　　淡色调中加入一些明度高的灰色形成的色调为淡浊色调。此种色调的感觉与淡色调接近，但比起淡色调的纯净来说，由于加入了少量灰色，具有了都市感和高级感，能够表现出优美和素雅。

情感意义：高雅、内涵、雅致、素净、女性、高级

七、微浊色调配色

　　纯色加入少量灰色形成的色调为微浊色调，兼具了纯色调的健康和灰色的稳定，能够表现出具有素净感的活力，以及都市感。这种色调比起纯色调的刺激感有所降低，很适合表现高品位、有内涵的家居氛围。

情感意义：格调、高雅、高端、都市、冷静、现代

八、暗浊色调配色

纯色加入深灰色形成的色调为暗浊色调，兼具了暗色的厚重感和浊色的稳定感，给人沉稳、厚重的感觉。暗浊色调能够塑造出朴素且具有品质感的空间氛围，是一种比较常见的表达男性的色彩印象。

情感意义：朴素、安静、稳重、稳定、古朴、成熟

九、暗色调配色

　　纯色加入大量黑色形成的色调为暗色调，是所有色调中最威严、厚重的色调，融合了纯色调的健康感和黑色的内敛感。暗色调能够塑造出严肃、庄严的空间氛围；如果是暖色系暗色调，则具有浓郁的传统韵味。

情感意义：坚实、复古、传统、结实、安稳、古老

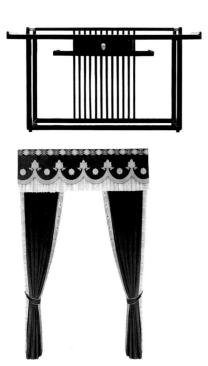

十、多色调组合配色

在家居空间中，即使运用多个色相进行色彩设计，但若色调一样也会令人感觉单调，单一色调极大限制了配色的丰富性。

在进行配色时，空间中的色调通常都不少于三种，背景色一般会采用两三种色调，主角色为一种色调，配角色的色调可与主角色相同，也可做区分，点缀色则通常是鲜艳的纯色调或明色调，这样构成的色彩组合会十分自然、丰富。

1. 两种色调搭配

此种色彩搭配可以发挥出两种色调各自的优势，而消除掉彼此的缺点，使室内配色显得更加和谐。

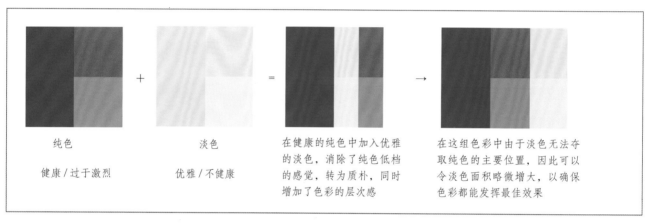

| 纯色 | 淡色 | 在健康的纯色中加入优雅的淡色，消除了纯色低档的感觉，转为质朴，同时增加了色彩的层次感 | 在这组色彩中由于淡色无法夺取纯色的主要位置，因此可以令淡色面积略微增大，以确保色彩都能发挥最佳效果 |
| 健康/过于激烈 | 优雅/不健康 | | |

CMYK
C100 M90 Y26 K12

CMYK
C58 M30 Y21 K0

◁案例中运用了大量的蓝色，但在色调上进行区分，以纯色调为主，装饰画中运用浊色调进行调剂，使配色层次更加丰富

2. 三种色调搭配

这种色彩搭配方法可以表现出更加微妙和复杂的感觉，令空间的色彩搭配具有多样的层次感。

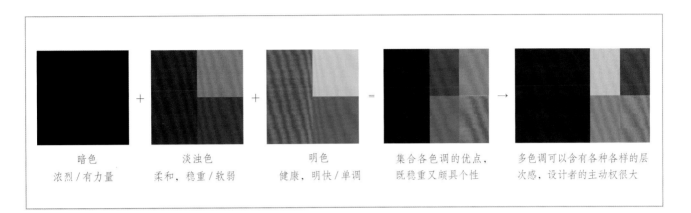

暗色	淡浊色	明色	集合各色调的优点，既稳重又颇具个性	多色调可以含有各种各样的层次感，设计者的主动权很大
浓烈 / 有力量	柔和，稳重 / 软弱	健康，明快 / 单调		

CMYK	CMYK	CMYK	CMYK
C53 M35 Y62 K10	C17 M8 Y67 K0	C68 M60 Y59 K44	C56 M50 Y54 K19

△沙发区运用浊色调、明色调，以及暗色调来作为软装配色，营造出稳定中不失活力的配色印象

色彩调和有效改善室内配色问题

一、色彩调和的意义

色彩调和一般有两层含义：第一，色彩调和是色彩配色的一种形态，能使人感到舒适、美观的配色往往是色彩调和后的结果；第二，色彩调和是色彩搭配的一种手段，例如室内配色不和谐，就需要通过色彩调和来改善。

当两种及两种以上的颜色放在一起时，任何一种色彩都会被当作其他色彩的参照物，它们之间会出现色彩对比关系。色彩对比是绝对的，因为两种以上色彩在配置中，总会在色相、纯度、明度和面积等方面或多或少的有所差别，这种差别必然会导致不同程度的对比。

过分对比的配色需要加强共性来进行调和，例如在配色时明显感觉到其中一种色彩的力量过强或过弱时，就需要进行色彩调和。

二、面积调和

面积调和与色彩三属性无关，而是通过将色彩面积增大或减少，来达到调和目的，使空间配色更加美观、协调。在具体设计时，色彩面积比例尽量避免 1：1 对立，最好保持在 5：3~3：1。如果是三种颜色，可以采用 5：3：2 的方式。但这不是一个硬性规定，需要根据具体对象来调整空间色彩分配。

1：1 的面积配色稳定，但缺乏变化

降低黑色的面积，配色效果具有了动感

加入灰色作为调剂，配色更加具有层次感

三、重复调和

在进行空间色彩设计时，若一种色彩仅小面积出现，与空间其他色彩没有呼应，则空间配色会缺乏整体感。这时不妨将这一色彩分布到空间中的其他位置，如家具、布艺等，形成共鸣重合的效果，进而促进整体空间的融合感。

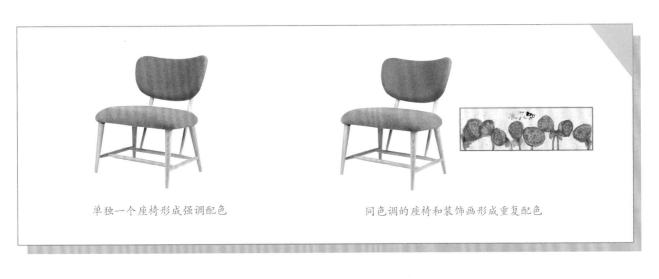

单独一个座椅形成强调配色　　　　　　　　同色调的座椅和装饰画形成重复配色

鲜艳的蓝色作为主角色单独出现，是配色的主角，虽然突出，但显得孤立、缺乏整体感

在点缀色中增加了不同明度的蓝色作为主角色蓝色的呼应，既保留了主角色的突出地位，又增加了整体的融合感

四、秩序调和

秩序调和可以是通过改变同一色相的色调形成的渐变色组合，也可以是一种色彩到另一种色彩的渐变，例如红渐变到蓝，中间经过黄色、绿色等。这种色彩调和方式，可以使原本强烈对比、刺激的色彩关系变得和谐、有秩序。

同一色相的渐变

从一种色彩到另一种色彩的渐变

五、同一调和

同一调和包括同色相调和、同明度调和，以及同纯度调和。其中，同色相的调和即在色相环中 60 度角之内的色彩调和，由于其色相差别不大，因此非常协调。同明度调和是使被选定的色彩各色明度相同，便可达到含蓄、丰富和高雅的色彩调和效果。同纯度调和是被选定色彩的各饱和度相同，基调一致，容易达成统一的配色印象。

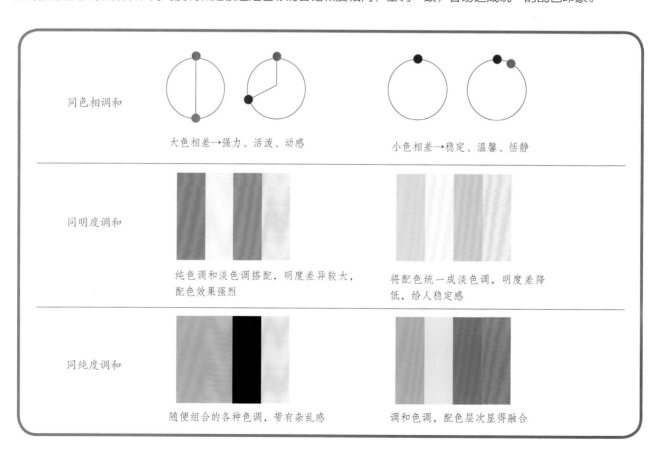

同色相调和	大色相差→强力、活泼、动感	小色相差→稳定、温馨、恬静
同明度调和	纯色调和淡色调搭配，明度差异较大，配色效果强烈	将配色统一成淡色调，明度差降低，给人稳定感
同纯度调和	随便组合的各种色调，带有杂乱感	调和色调，配色层次显得融合

六、互混调和

在空间设计时，往往会出现两种色彩不能进行很好融合的现象，这时可以尝试运用互混调和，即将两种色彩混合在一起，形成第三种色彩，变化出来的色彩同时包含了前两种颜色的特性，可以有效连接两种色彩。这种色彩适合作为辅助色，作为铺垫。

△将蓝色和红色互混得到玫红色，融合了蓝色的纯净，以及红色的热情，丰富配色层次，同时弱化了蓝色和红色的强烈对立性

七、群化调和

群化调和指的是将相邻色面进行共通化，即将色相、明度、色调等赋予共通性。具体操作时可将色彩三属性中的一部分进行靠拢而得到统一感。在配色设计时，只要群化一个群组，就会与其他色面形成对比；另一方面，同组内的色彩因同一而产生融合。群化使强调与融合同时发生，相互共存，形成独特的平衡，使配色兼具丰富感与协调感。

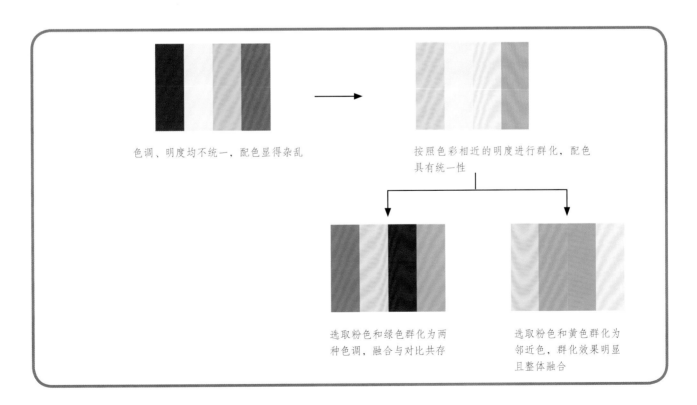

色调、明度均不统一，配色显得杂乱

按照色彩相近的明度进行群化，配色具有统一性

选取粉色和绿色群化为两种色调，融合与对比共存

选取粉色和黄色群化为邻近色，群化效果明显且整体融合

色彩经过人的思维，

会与以往的记忆及经验产生联想，

从而形成一系列色彩心理反应，

产生色彩情感与色彩意向。

了解色彩的情感意义与意向，

能够有针对性地根据居住者的需求，

选择适合的家居配色方案。

CHAPTER 3

第三章

了解色彩情感与意向，室内配色更加深入人心

第一节
利用色彩情感意义
营造有感情的空间

一、色彩与情感

色彩可以在一定程度上表达人们的情感，人们的情感可以依附于色彩之上。

人们看待色彩不是单纯地从色相上判断，而是从色彩依附的载体、色彩的来源、使用色彩的族群和不同的文化中寻找更多的信息加以理解。例如，我们知道天空是蓝色的、云彩是白色的，这里所提到的蓝色和白色都是具象的色彩。但同时，如果表示愤怒可以用红色，表示冷静可以用蓝色，表示纯洁可以用白色，这里提到的色彩就是抽象的。

区分具象色彩和抽象色彩的要点在于人类的情感。后者代表了人类对色彩的附加情感和认知。在居室设计中，除了将具象的色彩运用在墙面、家具等位置，也可以利用色彩的抽象意义表达空间氛围，以及与居住者的职业、个性及年龄相吻合。

△自然界中蓝色的大海为具象色彩，同时大海还可以令人感受到清爽、宽阔的意境，这就是其抽象意义。将大海的具象色彩和抽象意义运用到家居设计中，可以带来海洋般的氛围

△例如，上图中沙发、门扇的蓝色是具象色彩。但同时蓝色给人的感觉是清爽的、透气的，这属于人们对蓝色的认知，为蓝色的抽象意义

△红色是中国人心目中表达喜庆的色彩，为色彩的抽象意义；同时，红色还表现在喜字、礼服、玫瑰、婚鞋等具体事物上，为具象意义。结合红色的抽象意义和具象意义，家居设计中常用红色来渲染新婚房

▷例如，右图将红色大面积运用在墙面和茶几、边几的色彩设计中，同时选用自然界中红色花卉图案的布艺、装饰画来装点空间，营造了带有唯美、浪漫气息的婚房氛围

二、红色

红色是三原色之一，其对比色是绿色，互补色是青色。红色象征活力、健康、热情、朝气、欢乐，使用红色能给人一种迫近感，使人体温升高，引发兴奋、激动的情绪。

在室内设计中，大面积使用纯正的红色容易使人产生急躁、不安的情绪。因此在配色时，纯正红色可作为重点色少量使用，会使空间显得富有创意。而将降低明度和纯度的深红、暗红等作为背景色或主色使用，能够使空间具有优雅感和古典感。

另外，红色特别适合用在客厅、活动室或儿童房中，增加空间的活泼感。而在中国传统观念中，红色还代表喜庆，因此常会用作婚房配色。

红色代表的
积极意义

积极　活力　开放　热情
华丽　喜庆　力量　高贵

红色代表的
消极意义

血腥　刺激　不安　急躁

1. 纯度较高的红色系

鲜艳的红色作为光谱中波长最长的颜色，在空间中显得尤为突出。纯正红色无论单独使用，还是与蓝色、白色、绿色等亮色系结合使用，色彩组合辨识度均极强，能够表现出时尚、亮丽的风格特征。另外，纯正的红色与无色系或褐色结合能够彰显雅致感，通常用于新中式风格中。

奢华、艳丽

CMYK
C24 M92 Y83 K0

CMYK
C73 M73 Y78 K48

CMYK
C3 M4 Y5 K0

CMYK
C25 M46 Y64 K0

品质、高雅

CMYK
C35 M97 Y89 K2

CMYK
C1 M1 Y2 K0

CMYK
C12 M65 Y27 K0

古朴、大气

CMYK
C16 M91 Y87 K0

CMYK
C42 M78 Y94 K6

CMYK
C92 M88 Y87 K79

现代、活力

CMYK
C18 M99 Y85 K0

CMYK
C55 M19 Y22 K0

CMYK
C39 M24 Y85 K0

CMYK
C32 M83 Y100 K0

CMYK
C3 M4 Y5 K0

2. 暗色调红色系

暗色调红色，尤其是加入大量黑色的红色，相对于纯正的红色，更具有古典韵味，经常用在中式古典风格、美式风格、欧式风格中，但同样适用于现代风格，既可以作为背景墙配色，也可以作为主角色用于布艺沙发的配色之中。为了缓解沉闷气氛，常会搭配蓝色、绿色、金色等作为点缀。

艺术、复古

CMYK
C48 M84 Y74 K12

CMYK
C66 M46 Y89 K4

CMYK
C70 M66 Y64 K19

CMYK
C41 M65 Y83 K2

摩登、轻奢

CMYK
C49 M100 Y100 K24

CMYK
C84 M73 Y63 K32

CMYK
C11 M31 Y19 K0

高雅、格调

CMYK
C65 M82 Y78 K48

CMYK
C46 M38 Y38 K0

CMYK
C35 M46 Y62 K0

三、粉色

粉色具有很多不同的分支和色调，从淡粉色到橙粉色，再到深粉色等，通常给人浪漫、天真、梦幻、甜美的感觉，让人第一时间联想到女性特征。也正是因为这种女性化特征，有时会给人幼稚，以及过于柔弱的感觉。

粉色常被划分为红色系，但事实上它与红色表达的情感差异较大。例如，粉色优雅，红色大气；粉色柔和，红色有力量；粉色娇媚，红色娇艳。可以说粉色是少女到成熟女性的一种过渡色彩。

在室内设计时，粉色可以使激动的情绪稳定下来，有助于缓解精神压力，适用于女儿房、新婚房等，一般不会用在男性为主导的空间中，会显得过于甜腻。

粉色代表的
积极意义

柔软　甜美　梦幻　浪漫
甜蜜　天真　娇媚　优雅

粉色代表的
消极意义

柔弱　肤浅　幼稚　甜腻

1. 明度较高的粉色系

　　明度较高的粉色具有梦幻、甜美的视觉感受，非常适合作为女儿房的背景色，再搭配其他不同色调的粉色，可以形成丰富的色彩层次。另外，明度较高的粉色与浅蓝色、淡绿色、浅白色等组合，可以轻易体现出柔和、纯洁的格调，是法式风格、田园风格，以及单身女性空间经常用到的配色组合。

甜美、轻柔

CMYK
C19 M30 Y18 K0

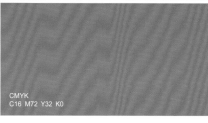

CMYK
C16 M72 Y32 K0

CMYK
C24 M66 Y44 K0

格调、轻奢

CMYK
C26 M35 Y27 K0

CMYK
C32 M60 Y47 K0

CMYK
C36 M31Y32 K0

CMYK
C28 M32 Y56 K0

2. 浊色调粉色系

浊色调粉色是指加入了灰色的粉色，其中较受欢迎的为淡山茱萸粉，相对明度较高的粉色，更加具有优雅、高级的品质感，经常出现在北欧风格、简欧风格的空间配色中，可以大面积使用。

精致、优雅

CMYK
C35 M41 Y37 K0

CMYK
C0 M0 Y0 K0

CMYK
C55 M66 Y81 K15

3. 玫粉色

玫粉色是一种介于红色和粉色之间的色彩，即红色与白色大致为 4：1 的调和色彩，具有耀眼、明快的特征。玫粉色不仅可以表达女性的柔美，而且具有活力，适合用在性格较为开放的女性空间，同时也十分适合法式风格、现代风格的家居配色。

亮丽、活跃

CMYK
C24 M50 Y18 K0

CMYK
C40 M68 Y71 K1

CMYK
C43 M30 Y16 K0

CMYK
C11 M6 Y5 K0

惊艳、奢绮

CMYK
C15 M32 Y5 K0

CMYK
C79 M76 Y72 K50

CMYK
C22 M17 Y13 K0

高贵、品质

CMYK
C38 M54 Y26 K0

CMYK
C56 M42 Y34 K0

CMYK
C11 M6 Y5 K0

四、橙色

橙色比红色的刺激度有所降低，比黄色热烈，是最温暖的色相，能够激发人们的活力、喜悦、创造性，具有明亮、轻快、欢欣、华丽、富足的感觉。

橙色作为空间中的主角色十分醒目，较适用于餐厅、工作区、儿童房；用在采光差的空间，还能够弥补光照的不足。但需要注意的是，尽量避免在卧室和书房中过多地使用纯正的橙色，否则会使人感觉过于刺激，可降低纯度和明度后使用。

橙色稍稍混入黑色或白色，会变成一种稳重、含蓄又明快的暖色；而橙色中若加入较多的白色则会带来一种甜腻感。

橙色代表的
积极意义

美好　活力　热情　丰收
温馨　健康　友善　舒适

橙色代表的
消极意义

古旧　黯然　日暮　廉价

1. 鲜艳橙色系

　　鲜艳的橙色是极具热量感的颜色，在时尚界被称为"爱马仕橙"，体现出潮流感、时代感。在家居环境中，橙色可以和无色系广泛结合，如搭配白色、灰色，在保持整体热情感的同时，显得十分具有品质感。另外，橙色如果和蓝色搭配，形成准对决型配色，则可以彰显大胆、张扬的室内氛围。

沉着、考究

CMYK
C29 M77 Y100 K0

CMYK
C11 M6 Y5 K0

CMYK
C80 M64 Y100 K44

热烈、夺目

CMYK
C17 M66 Y80 K0

CMYK
C53 M29 Y30 K0

CMYK
C11 M6 Y5 K0

温暖、雅致 时尚、绅士

CMYK
C19 M62 Y75 K0

CMYK
C49 M40 Y44 K0

CMYK
C11 M6 Y5 K0

CMYK
C19 M62 Y75 K0

CMYK
C49 M40 Y44 K0

CMYK
C11 M6 Y5 K0

轻奢、格调

CMYK
C19 M73 Y100 K0

CMYK
C39 M49 Y56 K0

CMYK
C12 M14 Y22 K0

五、黄色

黄色是三原色之一，能够给人轻快、希望、活力的感觉，让人联想到太阳；而在中国的传统文化中，黄色是华丽、权贵的颜色，象征着帝王。

黄色具有促进食欲和刺激灵感的作用，非常适用于餐厅和书房；因为其纯度较高，也同样适用采光不佳的房间。另外，黄色带有的情感特征，如希望、活力等，使其在儿童房中被较多使用。

黄色的包容度较高，与任何颜色组合都是不错的选择。例如，黄色作为暗色调的伴色可以取得具有张力的效果，能够使暗色更为醒目，例如黑色沙发搭配黄色靠垫。但需要注意的是，鲜艳的黄色过于大面积地使用，容易给人苦闷、压抑的感觉，可以在降低纯度或者缩小使用面积后使用。

黄色代表的 **积极意义**	黄色代表的 **消极意义**
阳光　轻松　热闹　开放 欢乐　权贵　醒目　希望	稚嫩　喧闹　脆弱

1. 亮黄色系

亮黄色系与无彩色系结合是一组可辨识性很强的颜色，容易打造出强烈的视觉效果，通常可以运用在简约风格、北欧风格或新中式风格中；与蓝色、白色组合则可以呈现出浓浓的地中海味道。另外，亮黄色是一种非常敏感的颜色，与之相搭配的颜色稍有变化就会令整个色彩组合呈现不同的色彩气氛。

中式、权贵

CMYK
C21 M29 Y84 K0

CMYK
C74 M74 Y91 K56

CMYK
C3 M5 Y7 K0

童趣、活力

CMYK
C27 M36 Y87 K0

CMYK
C3 M5 Y7 K0

CMYK
C44 M42 Y41 K0

北欧、洁净

CMYK C20 M15 Y84 K0	CMYK C79 M74 Y66 K37	CMYK C3 M5 Y7 K0	CMYK C64 M65 Y66 K16

简欧、精美

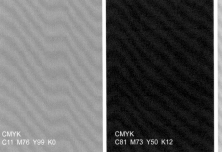

CMYK C11 M76 Y99 K0	CMYK C81 M73 Y50 K12	CMYK C72 M50 Y91 K9

2.浊色调黄色系

如果觉得亮黄色系过于耀目，可以用加入黑色或灰色的浊色调黄色进行家居配色，同样可以形成醒目，且具有张力的配色印象。其中，浊色调黄色与黑色搭配最具视觉冲击力，可以营造出考究的家居氛围。

醒目、张力

CMYK
C30 M45 Y78 K0

CMYK
C78 M72 Y65 K32

CMYK
C3 M5 Y7 K0

3. 金黄色系

在家居环境中，金黄色系往往表现在家居材质上，如金色的灯具、工艺品、小型家具等，可以营造出低调、奢华的室内环境。在家居配色时，当金色与灰蓝色、红色、黑色组合在一起时，装饰效果非常明显。

奢华、品质 精致、温馨

CMYK
C36 M45 Y87 K0

CMYK
C69 M56 Y47 K1

CMYK
C59 M72 Y72 K21

CMYK
C3 M5 Y7 K0

CMYK
C89 M76 Y62 K34

CMYK
C25 M25 Y33 K0

CMYK
C3 M5 Y7 K0

CMYK
C18 M30 Y86 K0

六、绿色

　　绿色是介于黄色与蓝色之间的复合色，是自然界中常见的颜色。绿色属于中性色，加入黄色多则偏暖，体现出娇嫩、年轻、柔和的感觉；加入青色多则偏冷，带有冷静感。

　　绿色能够让人联想到森林和自然，它代表着希望、安全、平静、舒适、和平、自然、生机，能够使人感到轻松、安宁。

　　在家居配色时，一般来说绿色没有使用禁忌，但若不喜欢空间过于冷调，应尽量少和蓝色搭配使用。另外，大面积使用绿色时，可以采用一些具有对比色或互补色的点缀品，来丰富空间的层次感。如绿色和相邻色彩组合，会给人稳重的感觉；和互补色组合，则会令空间氛围变得充满生机。

绿色代表的
积极意义

| 自然 | 生机 | 安全 | 新鲜 |
| 和平 | 舒适 | 希望 | 轻松 |

绿色代表的
消极意义

土气　乡土　轻飘

1. 纯度较高的绿色系

纯度较高的绿色系可以充分彰显出生机，令人联想到森林、草原等大自然风景，因此非常适合田园家居的配色，被广泛运用在墙面、布艺之中。另外，由于绿色所具有的情感意义，如希望、生机等，在儿童房中也十分适用，可以促进儿童的大脑发育，同时也能起到保护视力的作用。

轻奢、精致

CMYK
C61 M27 Y83 K0

CMYK
C3 M2 Y1 K0

CMYK
C31 M30 Y80 K0

CMYK
C56 M35 Y34 K0

CMYK
C49 M82 Y93 K18

自然、生机

CMYK
C66 M39 Y100 K1

CMYK
C49 M84 Y100 K20

CMYK
C52 M54 Y68 K2

CMYK
C4 M3 Y2 K0

希望、新鲜

CMYK
C51 M26 Y88 K0

CMYK
C38 M48 Y71 K0

CMYK
C4 M3 Y2 K0

2. 明度较高的绿色系

　　明度较高的绿色系相对来说，显得更加柔和、鲜嫩。在家居设计时，多用于墙面作为背景色，在体现生机感的同时，可以令家居环境更显通透、明亮。这种绿色系若和红色系、棕色系组合运用，可以令空间的田园气息更加浓郁。

鲜嫩、明亮

CMYK C45 M31 Y48 K0	CMYK C4 M3 Y2 K0	CMYK C56 M63 Y81 K13	CMYK C36 M67 Y60 K0

3. 深暗绿色系

偏深暗的绿色系，常见的色相有祖母绿、孔雀绿等，这一类型的绿色少了生机感，多了复古韵味，常被用于简欧风格的居室之中，体现出高级的品质，也同样适用于高雅的女性空间。

复古、别致

CMYK
C81 M65 Y89 K45

CMYK
C64 M55 Y52 K2

CMYK
C90 M85 Y83 K75

CMYK
C40 M62 Y61 K0

CMYK
C4 M3 Y2 K2

精致、利落

CMYK
C90 M66 Y85 K49

CMYK
C45 M39 Y38 K0

CMYK
C52 M53 Y71 K2

CMYK
C4 M3 Y2 K0

摩登、情调

CMYK
C89 M53 Y100 K24

CMYK
C78 M74 Y78 K53

CMYK
C40 M42 Y59 K0

CMYK
C4 M3 Y2 K0

4. 青绿色系

青绿色是夹在青色和绿色中间的色彩，融合了绿色的健康和蓝色的清新。但在自然界中这种色彩并不多见，会给人较强的人工感。这也使它在保留自然颜色原有特点的同时，又具有其他特殊的情感，如能体现冷静、清新。

清新、森味

CMYK
C54 M35 Y49 K0

CMYK
C76 M59 Y84 K27

CMYK
C15 M27 Y38 K0

CMYK
C4 M3 Y2 K0

自然、冷静

CMYK
C57 M34 Y42 K0

CMYK
C21 M33 Y56 K0

CMYK
C57 M40 Y33 K0

CMYK
C4 M3 Y2 K0

七、蓝色

蓝色是三原色之一，对比色是橙色，互补色是黄色。蓝色给人博大、静谧的感觉，是永恒的象征。

蓝色为冷色，是和理智、成熟有关系的颜色，在某个层面上，是属于成年人的色彩。但由于蓝色还包含了天空、海洋等人们非常喜欢的事物，所以同样带有浪漫、甜美色彩，在家居设计时也就跨越了各个年龄层。蓝色在儿童房的设计中，多数是用其具象意义，如大海、天空的蓝色，给人开阔感和清凉感。而在成年人的居室设计中，多数则采用其抽象意义，如商务、公平和科技感。

在居室空间配色中，蓝色适合用在卧室、书房、工作间，能够使人的情绪迅速地镇定下来。在配色时可以搭配一些跳跃色彩，避免产生过于冷清的氛围。另外，蓝色是后退色，能够使房间显得更为宽敞，小房间和狭窄空间使用能够弱化户型的缺陷。

蓝色代表的
积极意义

理智　清爽　知性　公平
博大　严谨　商务　高科技

蓝色代表的
消极意义

寂寞　孤独　无趣　忧伤
忧郁　严酷

1. 纯度较高的蓝色系

纯度较高的蓝色是类似天空晴天的颜色，可以彰显清爽、清透的空间氛围。这种色彩和无彩色系中白色、灰色搭配，可以令自身特色发挥到极致，令观者的心情十分放松。如果再加入绿色、浅木色做点缀，则能令空间具有自然的活力。这样的色彩组合比较适合崇尚自由的地中海风格、田园风格、北欧风格，以及学龄前的男孩房。

清透、新鲜

CMYK
C51 M22 Y22 K0

CMYK
C46 M37 Y33 K0

CMYK
C57 M69 Y84 K21

CMYK
C4 M3 Y2 K0

清爽、灵动

CMYK
C65 M31 Y28 K0

CMYK
C86 M58 Y10 K0

CMYK
C21 M33 Y56 K0

CMYK
C4 M3 Y2 K0

2. 明度较高的蓝色系

　　明度较高的蓝色系更具女性化气息，可以体现出唯美、清丽的色彩印象。尤其和带有女性化的色彩搭配，如红色、粉色、果绿色、柠檬黄色等，可以塑造出或雅致或亮丽的空间环境。这样的色彩同样适合现代法式和北欧风格的家居配色。

<table>
<tr><td align="center">清幽、通透</td><td align="center">清秀、明丽</td></tr>
</table>

| CMYK C41 M1 Y12 K0 | CMYK C68 M62 Y61 K12 | CMYK C17 M22 Y46 K0 | CMYK C4 M3 Y2 K0 | CMYK C35 M19 Y18 K0 | CMYK C92 M65 Y44 K3 | CMYK C30 M78 Y71 K0 | CMYK C4 M3 Y2 K0 |

3. 浊色调蓝色系

　　加入不同分量的灰色形成的浊色调蓝色系，更具品质感，无论用于墙面，还是主体家具，均能为空间奠定出雅致、闲逸的格调。如果这种蓝色调和品红色搭配，则具有了时尚、摩登情怀，是都市时髦女性卧室的绝佳配色。

雅致、舒适

CMYK
C58 M42 Y26 K0

CMYK
C41 M35 Y33 K0

CMYK
C51 M56 Y62 K1

摩登、情调

CMYK
C49 M19 Y7 K0

CMYK
C58 M38 Y15 K0

CMYK
C47 M100 Y75 K14

CMYK
C16 M9 Y4 K0

素净、闲逸

CMYK
C70 M53 Y36 K0

CMYK
C32 M50 Y59 K0

CMYK
C4 M3 Y2 K0

4. 深暗蓝色系

多数情况下蓝色所具有的是一种冷静而理智的美丽，但如果在纯色调的蓝色中加入黑色，形成深暗色调的蓝色，则具有了高贵、轻奢的视觉感受。将深暗色调的蓝色与米灰色、白色组合，再点缀少量金色，将宽广、厚重与时尚相融合、叠加，能够让蓝色焕发出新的生命，使人感受到雅致而高贵的气质。

轻奢、精致

CMYK
C100 M87 Y40 K5

CMYK
C51 M55 Y54 K0

CMYK
C31 M40 Y62 K0

CMYK
C25 M24 Y23 K0

八、紫色

紫色由温暖的红色和冷静的蓝色调和而成，是极佳的刺激色。在中国传统文化里，紫色是尊贵的颜色，如北京故宫又被称为"紫禁城"；但紫色在基督教中，则代表了哀伤。

紫色所具备的情感意义非常广泛，是一种幻想色，既优雅又温柔，既庄重又华丽，是成熟女人的象征，但同时也代表了一种不切实际的距离感。此外，紫色根据不同的色值，分别具备浪漫、勇气、神秘等特性。

在室内设计中，深暗色调的紫色不太适合体现欢乐氛围的居室，如儿童房；另外，男性空间也应避免艳色调、明色调和柔色调的紫色；而纯度和明度较高的紫色则非常适合法式风格、简欧风格等凸显女性气质的空间。

紫色代表的 **积极意义**	紫色代表的 **消极意义**
优雅　别致　高贵　神圣 成熟　神秘　浪漫　端庄	冰冷　距离

1. 纯度较高的紫色系

　　纯度较高的紫色系带有高雅、奢丽的情感意义，用于家居设计中，给人一种高端的距离感，因此不太适合小面积居室大量使用。这类紫色如果和米灰色结合使用，能够加深品质感；若搭配少量红色、绿色，则空间的女性化特征更为明显，带有惊艳的视觉感受。

惊艳、奢丽

高雅、情调

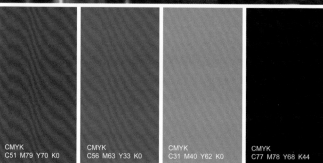

CMYK C58 M64 Y21 K5	CMYK C9 M7 Y6 K0	CMYK C76 M46 Y100 K7	CMYK C63 M65 Y67 K15

CMYK C51 M79 Y70 K0	CMYK C56 M63 Y33 K0	CMYK C31 M40 Y62 K0	CMYK C77 M78 Y68 K44

2. 明度较高的紫色系

　　明度较高的紫色系给人的距离感降低，显得更加柔和、馨雅，常作为带有艺术气质的女性空间配色。这类紫色由于少了高冷气质，因此在女儿房中也被广泛运用，搭配白色、米灰色，可以凸显甜美气息；搭配亮色调的黄色、绿色则更添活力。

唯美、馨雅

CMYK
C45 M34 Y15 K0

CMYK
C63 M59 Y39 K0

CMYK
C25 M20 Y14 K0

轻柔、甜美

CMYK
C43 M44 Y25 K0

CMYK
C9 M9 Y8 K0

CMYK
C67 M73 Y72 K33

3. 微浊色调的紫色系

微浊色调的紫色系即为通常所说的"丁香紫"，在紫色系中饱和度较浅，与其他色调的紫色相比，这种紫色更具时尚气息，可以将女性气质中的优雅、浪漫调动得淋漓尽致。在家居设计时，非常适合与高级灰进行搭配。

优雅、浪漫

CMYK
C41 M60 Y21 K0

CMYK
C35 M35 Y18 K0

CMYK
C16 M15 Y15 K0

4. 深暗紫色系

　　深暗色调的紫色系带有神秘、性感、华丽的气质，是一种成熟女性比较偏爱的色彩。在家居色彩搭配时，常用于布艺之中，如果是天鹅绒、锦缎材质，则更能体现出色彩华贵的特质。这类紫色如果和金色搭配，能够塑造出非常奢华的空间印象，是非常适用于欧式古典风格的配色。

惊艳、神秘

CMYK C73 M84 Y49 K12
CMYK C52 M27 Y36 K0
CMYK C58 M57 Y55 K2
CMYK C48 M27 Y68 K0
CMYK C41 M45 Y70 K0

华典、高贵

CMYK C70 M77 Y59 K22
CMYK C34 M39 Y64 K0
CMYK C51 M66 Y65 K6
CMYK C9 M7 Y7 K6
CMYK C88 M79 Y59 K30

九、褐色

褐色又称棕色、赭色、咖啡色、茶色等，是由混合少量红色及绿色，橙色及蓝色，或黄色及紫色颜料构成的颜色。褐色常被联想到泥土、自然、简朴，给人可靠、有益健康的感觉。但从反面来说，褐色也会被认为有些沉闷、老气。

在家居配色中，褐色常通过木质材料、仿古砖来体现，沉稳的色调可以为家居环境增添一份宁静、平和，以及亲切感。

由于褐色所具备的情感特征，以及表现的材料，使其非常适合用来表现乡村风格、欧式古典风格，以及中式古典风格，也适合用作老人房、书房的配色，并且可以较大面积地使用，带来沉稳感觉。

褐色代表的 **积极意义**	褐色代表的 **消极意义**
自然　简朴　踏实　可靠 安定　沉静　平和　亲切	沉闷　平庸　保守 单调　老气

1. 浅褐色系

　　浅褐色在家居设计中一般作为木饰面板以及木地板的色彩出现，可以为家居环境奠定出沉静、亲和的视觉效果。浅褐色的包容度较高，和大多色彩都可以进行搭配，如果觉得空间配色过于素淡，可以增加亮色的使用，如用纯度较高的绿色、蓝色等作为点缀，就能增加空间的生气。

沉静、朴素

CMYK
C20 M31 Y43 K0

CMYK
C60 M60 Y65 K8

CMYK
C13 M12 Y12 K0

亲切、舒适

CMYK
C33 M36 Y41 K0

CMYK
C41 M23 Y2 K0

CMYK
C9 M7 Y4 K0

2. 深褐色系

深褐色系相对于浅褐色更沉稳、可靠，运用的范围也更加广泛，表现乡村、古典的风格均适用，也同样适合具有异域风情的东南亚风格。和浅褐色一样，深褐色也不太限定搭配色，可以根据设计需要来选择色彩搭配。

厚重、质朴

CMYK
C62 M71 Y77 K29

CMYK
C24 M67 Y57 K0

CMYK
C14 M20 Y24 K3

沉稳、风雅

CMYK
C61 M76 Y73 K29

CMYK
C46 M70 Y99 K8

CMYK
C16 M19 Y20 K0

十、灰色

灰色是介于黑色和白色之间的一系列颜色，可以大致分为浅灰色、中灰色和深灰色。这种色彩虽然不比黑色和白色纯粹，却也不似黑色和白色那样单一，具有十分丰富的层次感。

灰色给人温和、谦让、中立、高雅的感受，具有沉稳、考究的装饰效果，是一种在时尚界不会过时的颜色，在许多高科技产品，尤其是和金属材料有关的，几乎都采用灰色来传达高级、科技的形象。

在室内设计中，高明度灰色可以大量使用，大面积纯色可体现出高级感，若搭配明度同样较高的图案，则可以增添空间的灵动感。另外，灰色用在居室中，能够营造出具有都市感的氛围，例如表达工业风格时会在墙面、顶面大量使用。需要注意的是，虽然灰色适用于大多居室设计，但在儿童房、老人房中应避免大量使用，以免造成空间过于冷硬。

灰色代表的 **积极意义**
高雅　高级　温和　考究 谦让　中立　科技

灰色代表的 **消极意义**
保守　压抑　无趣

1. 浅灰色

　　浅灰色更趋近于白色，因此具备明亮、洁净的特征，既可以和其他无彩色系进行搭配，营造出高级感的居室氛围；也可以和亮丽的有彩色结合，塑造出高品质的空间环境。浅灰色在居室中广泛适用于法式风格、简欧风格、北欧风格、现代风格等。

高雅、精美

CMYK
C38 M31 Y30 K0

CMYK
C54 M60 Y79 K8

CMYK
C8 M8 Y3 K0

CMYK
C69 M29 Y40 K0

洁净、鲜亮

CMYK
C31 M27 Y28 K0

CMYK
C27 M49 Y97 K0

CMYK
C72 M50 Y74 K7

CMYK
C1 M1 Y1 K0

CMYK
C33 M38 Y49 K0

高级、考究

CMYK
C47 M40 Y41 K0

CMYK
C75 M74 Y78 K50

CMYK
C7 M5 Y7 K0

2. 中灰色

中灰色是介于浅灰色和深灰色之间的色彩，显得更加沉稳，因此更适用于体现男性特征的居室，例如直接展现裸露的水泥墙面，为居室带来工业、现代气息。在材质的搭配上，可以用木质、皮革、布艺来弱化灰色带来的冷硬感。

高效、节制

CMYK
C66 M61 Y65 K12

CMYK
C68 M75 Y79 K45

CMYK
C34 M50 Y66 K0

CMYK
C49 M48 Y52 K0

现代、流行

CMYK
C72 M65 Y58 K14

CMYK
C58 M55 Y54 K1

CMYK
C7 M5 Y7 K0

CMYK
C33 M34 Y98 K0

CMYK
C84 M70 Y43 K4

3. 深灰色

深灰色是趋近于黑色的色彩，因此具备黑色的庄重、大气。这种色彩如果大量运用在墙面上，难免会显得沉重、压抑，但若空间中的软装饰品采用其他色相与之搭配，则能有效缓解这一现象。例如，在深灰色空间中，加入浊色调的红色及木色进行调剂，就能营造出一种古雅的空间格调。

古雅、大气

CMYK
C76 M70 Y66 K30

CMYK
C58 M93 Y78 K44

CMYK
C39 M50 Y56 K0

十一、白色

白色是一种包含光谱中所有颜色光的色彩，通常被认为是"无色"的。白色代表明亮、干净、畅快、朴素、雅致与贞洁，同时白色也具备没有强烈个性、寡淡的特性。

在所有色彩中，白色的明度最高。在空间设计时通常需要和其他色彩搭配使用，因为纯白色会带来寒冷、严峻的感觉，也容易使空间显得寂寥。例如，设计时可搭配温和的木色或用鲜艳色彩点缀，可以令空间显得干净、通透，又不失活力。

由于白色的明度较高，可以起到一定程度地放大空间的作用，因此比较适合小户型；在以简洁著称的简约风格，以及以干净为特质的北欧风格中会较大面积使用。

白色代表的
积极意义

和平　干净　整洁　纯洁
清雅　通透　畅快　明亮

白色代表的
消极意义

虚无　平淡　无趣

1. 白色主色 + 无彩色

以白色为主色调，搭配无彩色中的黑色和灰色，可以营造出更多层次的空间环境。例如，白色与黑色搭配，空间印象简洁、利落，又不失高级感；白色与灰色搭配则能创造出高品质、格调雅致的空间氛围。

率真、开放

CMYK
C0 M0 Y0 K0

CMYK
C71 M69 Y64 K24

CMYK
C88 M84 Y77 K68

通亮、素雅

CMYK
C0 M0 Y0 K0

CMYK
C26 M19 Y16 K0

CMYK
C54 M54 Y53 K0

CMYK
C84 M80 Y76 K62

简洁、干练

CMYK
C0 M0 Y0 K0

CMYK
C86 M82 Y84 K71

寡欲、淡泊

CMYK
C0 M0 Y0 K0

CMYK
C83 M88 Y73 K63

2. 白色主色 + 有彩色

以白色为主角色搭配有彩色，则能创造出更加丰富多样的空间印象。例如，白色搭配冷色系可以营造清爽、干净的空间氛围；白色搭配暖色系可以营造通透中不乏暖意的空间氛围；白色搭配多彩色则可以令空间变得具有艺术化特征。

别致、明丽

CMYK
C0 M0 Y0 K0

CMYK
C75 M53 Y55 K4

CMYK
C28 M31 Y73 K0

CMYK
C57 M55 Y53 K1

通透、亮丽

CMYK
C0 M0 Y0 K0

CMYK
C47 M83 Y82 K13

CMYK
C28 M36 Y51 K0

艺术、趣味

CMYK	CMYK	CMYK	CMYK	CMYK	CMYK
C0	C71	C52	C14	C28	C11
M0	M30	M42	M58	M13	M8
Y0	Y24	Y81	Y38	13	Y85
K0	K0	K0	K0	K0	K0

干净、明快

CMYK	CMYK	CMYK	CMYK	CMYK
C0	C32	C62	C37	C0
M0	M81	M42	M35	M0
Y0	Y64	Y36	Y35	Y0
K0	K0	K0	K0	K100

十二、黑色

　　黑色基本上定义为没有任何可见光进入视觉范围，和白色相反；可以给人带来深沉、神秘、寂静、悲哀、压抑的感受。在文化意义层面，黑色是宇宙的底色，代表安宁，亦是一切的归宿。

　　黑色是明度最低的色彩，用在居室中，可以带来稳定、庄重的感觉。同时黑色非常百搭，可以容纳任何色彩，怎样搭配都非常协调。黑色常作为家具或地面主色，形成稳定的空间效果。但若空间的采光不足，则不建议在墙上大面积使用，容易使人感觉沉重、压抑。

　　黑色在空间中若大面积使用，一般用来营造具有冷峻感或艺术化的空间氛围，如男性空间或现代时尚风格的居室较为适用。

黑色代表的
积极意义

庄重　力量　重量　高级
深沉　安宁　稳定　夺目

黑色代表的
消极意义

压抑　沉重　沉默　悲哀

1. 黑色主色 + 无彩色

　　黑色作为背景色或主角色，占据空间主导地位时，可以塑造出稳定的空间氛围。但其他装饰、家具等色彩最好采用白色、米色、灰色来进行调剂，利用此种色彩明度对比的方式，可以避免大面积黑色带来的压抑感。

冷峻、精致

CMYK
C89 M84 Y82 K73

CMYK
C35 M31 Y35 K0

CMYK
C0 M0 Y0 K0

CMYK
C54 M58 Y92 K8

秩序、自律

CMYK
C88 M84 Y76 K66

CMYK
C36 M37 Y44 K0

低调、沉稳

CMYK
C88 M84 Y76 K66

CMYK
C18 M16 Y18 K0

CMYK
C46 M67 Y76 K5

2.黑色主色 + 有彩色

黑色为主角色搭配有彩色，能够塑造出具有艺术化氛围的空间环境。但有彩色的色调一般要保持在纯色调、暗浊色调的范围内，才能够形成和谐的配色基调。其中，黑色和暖色系搭配最易造成视觉冲击，令人眼前一亮。

跳脱、节奏

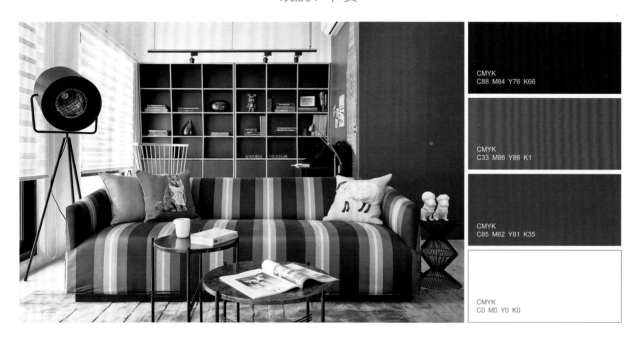

CMYK
C88 M84 Y76 K66

CMYK
C33 M86 Y86 K1

CMYK
C85 M62 Y81 K35

CMYK
C0 M0 Y0 K0

时尚、玩酷

CMYK
C88 M84 Y76 K66

CMYK
C0 M0 Y0 K0

CMYK
C40 M93 Y100 K6

现代、活力

CMYK
C88 M84 Y76 K66

CMYK
C44 M74 Y43 K0

CMYK
C38 M58 Y95 K0

前卫、炫目

CMYK
C88 M84 Y76 K66

CMYK
C26 M32 Y84 K0

CMYK
C45 M53 Y70 K0

室内风格与配色

一、居住者喜好与室内风格

在选择居室的设计风格时，首先要考虑居室面积，有些风格的配色较厚重，就不适合用于小户型，例如，东南亚风格、法式宫廷风格等。

除了根据风格选择色彩，也可根据喜欢的色彩来选择适合的风格。例如，喜欢蓝色，可选择的风格有地中海风格、田园风格等；喜欢白色，可以选择的风格有简约风格、北欧风格等；初步确定几种风格后，再根据喜好的家具款式、软装类别来进一步筛选家居风格，这样的方式十分直观、简洁。

根据自身喜好勾选下列表格中的选项:

1
- ☐ 喜欢凸显自我、张扬个性
- ☐ 喜欢大胆鲜明、对比强烈的色彩搭配
- ☐ 喜欢奇特的光、影变化
- ☐ 喜欢新型材料及工艺做法
- ☐ 喜欢抽象、夸张的图案
- ☐ 喜欢造型新颖的家具和软装

2
- ☐ 喜欢简约流畅的造型
- ☐ 喜欢明快的色调
- ☐ 喜欢对比强烈的色彩搭配
- ☐ 对色彩、材料的质感要求高
- ☐ 喜欢玻璃、金属等材料
- ☐ 喜欢以现代感软装饰来丰富空间

3
- ☐ 喜欢故宫、颐和园等设计风格
- ☐ 对中国红、黄色系、棕色系情有独钟
- ☐ 爱好收藏青花瓷、字画、文房四宝等
- ☐ 追求一种修身养性的生活境界,爱好花鸟鱼虫等装饰
- ☐ 喜欢明清风格家具如圈椅、博古架、隔扇等

4
- ☐ 喜欢古雅中式的元素
- ☐ 喜欢红、黄、黑等软装
- ☐ 喜欢简朴、优美的造型
- ☐ 喜欢字画、瓷器、丝绸装饰
- ☐ 喜欢屏风、隔断、博古架
- ☐ 喜欢比较天然的装饰材料

5
- ☐ 钟爱旅游,特别喜欢欧洲
- ☐ 喜欢空间呈现出富丽堂皇的氛围
- ☐ 喜欢奢华的水晶灯、罗马帘、壁炉等古典风格家装
- ☐ 对欧式拱门、精美雕花的罗马柱情有独钟
- ☐ 喜欢各种西洋画

6
- ☐ 喜欢欧式风格的文化底蕴
- ☐ 喜欢具有高雅感的色彩搭配
- ☐ 喜欢具有精致感的设计
- ☐ 喜欢欧式花纹的壁纸、布艺等
- ☐ 地面喜欢铺设石材及拼花
- ☐ 喜欢经过简化的欧式线条

7
- ☐ 喜欢巴洛克风格、洛可可风格
- ☐ 喜欢花样繁多的装饰、大面积雕刻
- ☐ 喜欢描金涂漆处理的家具
- ☐ 喜欢柔美、浪漫的空间氛围
- ☐ 喜欢带有视觉冲击的色彩搭配

8
- ☐ 喜欢普罗旺斯薰衣草庄园的浪漫氛围
- ☐ 喜欢棉麻、木材等天然质感的材料
- ☐ 喜欢仿旧家具带来的质朴气息
- ☐ 喜欢铁皮花器等文艺风和自然风装饰
- ☐ 喜欢来源于自然灵感的装饰元素

9
- □喜欢以大地色或其比邻为主的配色
- □喜欢仿旧效果、式样厚重、质朴的家具
- □喜欢带有拱形的造型
- □喜欢突出舒适和自由的氛围
- □喜欢布艺装饰
- □喜欢摇椅、铁艺、绿植装饰等

10
- □喜欢开放、自由的美国文化
- □喜欢粗犷中不乏现代感的设计
- □喜欢相对开阔的空间
- □喜欢自然材质，如木材、棉麻等
- □喜欢线条简练、流畅的实木家具
- □喜欢精致、小巧的装饰物

11
- □喜欢本木色所具备的自然气息
- □喜欢自然、浪漫、甜美的居室氛围
- □喜欢格子、条纹、花朵图案等
- □喜欢设计秀美、工艺独特的蕾丝、薄纱等
- □喜欢在家中摆放多种植物

12
- □喜欢干净、通透的空间氛围
- □喜欢天然的木质材料
- □喜欢宜家家居风格或无印良品家居用品
- □喜欢布艺棉麻制品
- □喜欢多肉、蕨类等小型植物

13
- □喜欢纯美的色彩搭配
- □喜欢铁艺、金属器皿等
- □喜欢浑圆的曲线造型
- □喜欢贝壳、鹅卵石、细沙等
- □喜欢仿古砖、马赛克等

14
- □喜欢带有雨林特色的艳丽
- □喜欢做旧铁艺或金色软装
- □喜欢椰壳、柚木、竹等软装饰品
- □喜欢能够体现禅意文化的装饰
- □喜欢带有绚丽色彩的回归自然感的各种
  软装饰

结合勾选结果，选出适合的家居风格：

1. 现代风格

色彩运用大胆豪放，追求强烈的反差效果，或浓重艳丽，或黑白对比。

2. 简约风格

色彩以淡雅、清新为主，大面积使用白色和浅淡色，用明亮的色彩做点缀。

3. 中式古典风格

色彩设计充分体现出中式
情结，广泛运用皇家色。

4. 新中式风格

在色彩方面秉承了传统古典风格的典雅和华
贵，同时加入许多现代元素。

5. 欧式古典风格

家居配色力求体现富丽堂皇，金色、明黄色很常见。

6. 简欧风格

白色、金色、黄色、暗红色是常见的配饰主角色调，加入少量白色糅合。

7. 法式宫廷风格

色彩或浓郁，或清雅，结合大面积的雕花，体现出法式宫廷风格特征。

8. 法式乡村风格

柔和、高雅的配色设计，突出了空间的精致感与装饰性。

9. 美式乡村风格

来源于泥土和自然的配色，自然、清新中又不乏沉稳、质朴。

10. 现代美式风格

白色一般做大面积配色，局部色彩延续厚重色调，装饰品色彩更丰富。

11. 田园风格

以清淡的、水质感的色彩为主，如橘黄色、嫩粉色、草绿色、天蓝色、浅紫色等。

12. 北欧风格

黑白色组合中加入灰色，实现明度渐变，使风格配色的层次更丰富。

13. 地中海风格

蓝色＋白色，经典地中海风格；黄色＋绿色情调地中海风格；土黄色＋红褐色，质朴地中海风格。

14. 东南亚风格

色彩搭配斑斓高贵，家具多为褐色等深色系，织物多色彩绚丽、魅惑。

二、现代风格

现代风格张扬个性、凸显自我，色彩设计极其大胆，追求鲜明的效果反差，具有浓郁的艺术感。

色彩搭配总结为两种，一种以黑色、白色、灰色为主角色；另一种是具有对比效果的搭配方式。若追求冷酷和个性的家居氛围，可全部使用黑色、白色、灰色进行配色。若喜欢华丽、另类的家居氛围，可采用强烈的对比色，如红色配绿色、蓝色配黄色等配色，且让这些色彩出现在主要位置，如墙面上、大型家具上。

1. 无色系组合

仅利用黑色、白色、灰色三色组合，效果冷静。其中，若白色为主角色，空间氛围经典、时尚；若黑色为主角色，空间氛围神秘、沉稳，若灰色为主角色，空间氛围干净、利落。为了避免单调，以及和简约风格做区分，设计时可以搭配一些前卫感的造型。

CMYK
C1 M2 Y1 K0

CMYK
C56 M71 Y81 K20

CMYK
C87 M82 Y76 K64

CMYK
C35 M28 Y23 K0

CMYK
C66 M60 Y57 K6

CMYK
C1 M2 Y1 K0

CMYK
C82 M78 Y76 K58

CMYK
C25 M31 Y42 K0

CMYK
C91 M86 Y88 K78

CMYK
C3 M41 Y37 K0

CMYK
C70 M54 Y444 K0

CMYK
C58 M60 Y82 K12

CMYK
C48 M60 Y31 K0

CMYK
C66 M60 Y58 K7

2. 无色系 + 金属色

无色系作为主角色，电视墙、沙发墙等重点部位用银色或金色来装饰，或采用金属色的灯具、工艺品做些点缀。其中，无色系 + 银色增添科技感，无色系 + 金色则增添低调的奢华感。空间中可以运用解构式家具，使配色的个性感更强。

CMYK	CMYK	CMYK	CMYK	CMYK
C26 M22 Y22 K0	C71 M61 Y50 K4	C81 M57 Y9 K27	C28 M42 Y65 K0	C21 M18 Y42 K24

3. 棕色系

棕色系包括深棕色、浅棕色，以及茶色等，这些色彩可以作为背景色和主角色大量使用，营造出具有厚重感和亲切感的现代家居。其中茶色的运用，可以选择茶镜作为墙面装饰，既符合配色要点，也可以通过茶镜材质提升现代氛围。

CMYK
C54 M78 Y88 K27

CMYK
C33 M41 Y71 K0

CMYK
C83 M77 Y68 K46

CMYK
C82 M67 Y39 K1

4. 对比型配色

强烈的对比色可以创造出特立独行的个人风格，也可以令家居环境尽显时尚与活泼。其中，利用双色相对比＋无彩色系，冲击力强烈，配玻璃、金属材料效果更佳；利用多色相对比＋无彩色系，配色活泼、开放，使用纯色的张力最强。

CMYK
C92 M64 Y96 K51

CMYK
C50 M95 Y98 K26

CMYK
C13 M17 Y33 K0

三、简约风格

简约风格的特点是简洁明快，将设计元素简化到最少的程度，但对色彩、材质的选用要求非常高。

简约风格的理念是"简约而不简单"，这一诉求在配色设计上体现在对细节的把握，不仅整体配色要美观、大方，每一个局部的配色，都要深思熟虑。其最大的特点是同色、不同材质的重叠使用。

由于简约风格的配色大多以白色为主角色，若觉得略显单调，可利用图案增加变化，如将黑白两色涂刷成条纹形状，再搭配少量高彩度色彩做点缀，仍是无彩色系为主角色，但却体现出个性。

1. 白色（主色）+暖色

　　白色搭配红色、橙色、黄色等暖色，简约中不失亮丽、活泼。其中，搭配低纯度暖色，具有温暖、亲切的感觉；搭配高纯度暖色，面积不要过大，否则容易形成现代家居印象，一般高纯度暖色多用在配角色和点缀色上。

CMYK
C1 M2 Y1 K0

CMYK
C21 M27 Y75 K0

CMYK
C42 M35 Y29 K0

CMYK
C83 M79 Y77 K62

2. 白色（主色）+冷色

　　白色搭配蓝色、蓝紫色等冷色相，可以塑造清新、素雅的简约家居风格。其中，白色与淡蓝色搭配最为常见，可令家居氛围更显清爽，若搭配深蓝色，则显得理性而稳重。

CMYK
C1 M2 Y1 K0

CMYK
C66 M37 Y10 K0

CMYK
C81 M57 Y9 K27

CMYK
C89 M82 Y83 K72

3. 白色（主色）+ 中性色

此种色彩搭配一般会加入黑色、灰色、棕色等偏理性的色彩做调剂，稳定空间配色。其中，搭配紫色空间显得比较有个性，搭配绿色则可以被多数人接受。

CMYK
C1 M2 Y1 K0

CMYK
C65 M53 Y76 K9

CMYK
C70 M74 Y75 K0

4. 白色（主色）+ 木色

　　白色最能体现出简约风格简洁的诉求，而木色既带有自然感，色彩上又不会过于浓烈，和白色搭配，可以体现出雅致、天然的简约家居风格。在白色和木色中，也可以加入黑色、深蓝色等深色调来调剂，可以令空间的稳定感加强。

CMYK
C1 M2 Y1 K0

CMYK
C39 M41 Y46 K0

CMYK
C64 M71 Y79 K33

CMYK
C88 M84 Y87 K75

5. 白色（主色）+多彩色

　　白色需占据主要位置，如背景色或主角色，多彩色则不宜超过三种，否则容易削弱简约感。具体设计时，可以通过一种色彩的色相变化来丰富配色层次。

CMYK
C1 M2 Y1 K0

CMYK
C39 M41 Y46 K0

CMYK
C64 M71 Y79 K33

CMYK
C88 M84 Y87 K75

四、中式古典风格

中式古典风格继承和发展了中华民族特色，充分展示传统美学精神，其配角色也主要体现出沉稳、厚重的基调。

在中式古典风格的家居中，家具常见深棕色系；同时擅用皇家色进行装点，如帝王黄色、中国红色、青花瓷蓝色等。另外，祖母绿色、黑色也会出现在中式古典风格的居室中。但需要注意的是，除了明亮的黄色之外，其他色彩多为浊色调。

1. 白色 + 棕色

两种色彩可以等分运用，塑造出古朴中不失清透的空间氛围；也可以将棕色作为较大面积的配色（占空间比例的 70%~80%），白色作为调剂使用。

CMYK
C1 M2 Y1 K0

CMYK
C63 M67 Y69 K19

CMYK
C46 M94 Y96 K17

CMYK
C15 M12 Y96 K0

CMYK
C1 M2 Y1 K0

CMYK
C71 M80 Y78 K55

CMYK
C19 M51 Y88 K0

2. 黄色 + 棕色

黄色与棕色搭配可以再现中式古典风格的宫廷感。其中，黄色象征着皇家的财富和权力，棕色具有稳定空间的作用。一般可以将黄色作为背景色，棕色作为主角色；也可以将黄色作为大面积布艺色彩，棕色作为家具配色。

CMYK
C71 M80 Y78 K55

CMYK
C22 M21 Y81 K0

CMYK
C27 M28 Y41 K0

CMYK
C1 M2 Y1 K0

3. 红色 + 棕色

对于中国人来说，红色象征着吉祥、喜庆。在中式古典风格的家居中，红色既可以作为背景色，也可以作为主角色。搭配棕色系，可以营造出古朴中又不失活力的配色氛围。

CMYK C53 M68 Y87 K15	CMYK C87 M60 Y0 K0	CMYK C44 M100 Y100 K14	CMYK C1 M2 Y1 K0

4. 棕色+紫色/蓝色点缀

大量使用棕色，可以塑造出具有厚重感的中式古典风格，为了避免空间沉闷，可以用紫色和蓝色作为点缀。其中，蓝色是青花瓷中的色彩，紫色则具有"紫气东来"的吉祥寓意，这两种色彩均十分吻合古典中式家居的气质。

CMYK C61 M64 Y73 K16	CMYK C64 M45 Y10 K0	CMYK C56 M77 Y76 K24	CMYK C73 M57 Y96 K23

五、新中式风格

新中式风格的配色主要来源于两个方面：一方面是以苏州园林和民国时代民居的黑色、白色、灰色为基调，这种配色效果素雅。另一方面是在黑色、白色、灰色基础上以皇家住宅的红色、黄色、蓝色、绿色等作为局部色彩，此种配色较个性。

其中，绿色在新中式风格中属于辅助色，很少大面积使用，多作为配角色或点缀色，为了符合新中式古典而雅致的底蕴，建议选择高明度的淡色调或淡浊色调，或者低明度低纯度的色调，总体来说以具有柔和感的色调为最佳。

1. 棕色系 + 无彩色系

深棕色或暗棕色与无彩色系组合是园林配色的一种演变，具有复古感。棕色最常作为主角色用在主要家具上，也可作配角色用在边几、坐墩等小型家具上。背景色则常见白色、浅灰色，黑色则常做层次调节加入。

CMYK
C15 M14 Y12 K0

CMYK
C64 M47 Y27 K0

CMYK
C63 M79 Y78 K41

CMYK
C60 M13 Y62 K0

CMYK
C47 M48 Y52 K0

CMYK
C13 M10 Y11 K0

CMYK
C49 M85 Y100 K20

CMYK
C84 M57 Y78 K22

2. 白色 / 灰色 + 皇家色

白色 / 灰色 + 黄色 + 蓝色 / 青色，可以体现出活泼、时尚的新中式风格，但需注意蓝色 / 青色是最常用浓色调，少采用淡色或浅色；白色 + 红色 + 黄色 / 白色 + 红色 + 蓝色具有肃穆、庄严感，可将红色 / 黄色 / 蓝色与软装结合。

CMYK
C13 M10 Y10 K0

CMYK
C80 M58 Y25 K0

CMYK
C22 M37 Y86 K0

CMYK
C90 M86 Y80 K71

3. 白色 / 米色 + 黑色

白色 / 米色为背景色，黑色做配角色，空间印象较干净、通透，适合面积不是很大的空间；也可以将黑色作为大面积配色，如运用在背景色、主角色上，白色为配角色，或选择黑白组合的家具，这种配色更加沉稳、有力。

CMYK
C12 M8 Y15 K0

CMYK
C57 M55 Y60 K2

CMYK
C83 M79 Y80 K65

CMYK
C37 M68 Y96 K1

4. 白色 + 灰色

可将白色或灰色中任一种做主角色，另一种做配角色，然后搭配色调相近的软装，丰富家居空间的层次；或加入黑色点缀，令空间配色更加沉稳。这样的配色可以塑造出类似苏州园林风格或京城民宅风格的家居，极具韵味。

CMYK
C12 M8 Y15 K0

CMYK
C78 M72 Y62 K27

CMYK
C56 M42 Y39 K0

CMYK
C34 M46 Y70 K0

六、欧式古典风格

欧式古典风格的配角色较为古朴、厚重，大部分家居会采用棕色系及金色作为背景色，搭配象牙白色、湖蓝色、银色等色彩作为主角色或配角色，点缀色则常见低明度为主的色彩，如酒红色、祖母绿等，令整体家居环境展现出奢靡、华贵的氛围。

纯度过高的色彩虽然亮丽，但大面积使用容易形成活泼氛围，与欧式古典风格追求复古韵味背道而驰，因此不宜大量使用。而加入适量灰色和黑色的暗浊色调及暗色调，具有古朴印象，较适合欧式古典风格。

1. 金色 / 明黄色

　　金色 / 明黄色具有炫丽、明亮的视觉效果，能够体现出欧式古典风格的高贵感，构成金碧辉煌的空间氛围。软装中常见精致雕刻的金色家具、金色装饰物等，在整体居室环境中起点睛作用，充分彰显古典欧式风格的华贵气质。

CMYK
C13 M10 Y11 K0

CMYK
C62 M76 Y92 K43

CMYK
C30 M40 Y78 K0

CMYK
C38 M41 Y45 K0

CMYK
C13 M10 Y11 K0

CMYK
C36 M48 Y80 K9

CMYK
C54 M73 Y92 K23

2. 棕色系

欧式古典风格会大量用到护墙板，实木地板的出现频率也较高，因此棕色系成为欧式古典风格中较常见的家居配角色。同时，棕色系也能很好地体现出欧式古典风格的古朴特征。为了避免深棕色带来的沉闷感，可以利用白色中和，也可以通过变化软装色彩来调节。

CMYK
C58 M78 Y98 K38

CMYK
C9 M20 Y33 K0

CMYK
C19 M57 Y97 K0

3. 浊色调点缀

浊色调的红色、绿色、湖蓝色，以及无彩色中的黑色，都是显眼而又不过于明亮的颜色。在欧式古典风格的居室中，可以通过摆放这些色彩的家具，来丰富空间配色；也可以选择任意一种颜色的布艺来装点空间，提升品质。

CMYK C13 M10 Y11 K0	CMYK C46 M25 Y31 K0	CMYK C49 M71 Y100 K12	CMYK C34 M50 Y85 K0	CMYK C28 M3 Y42 K0	CMYK C82 M90 Y85 K75

CMYK C13 M10 Y11 K0	CMYK C18 M28 Y41 K0	CMYK C35 M86 Y98 K2	CMYK C31 M47 Y75 K0	CMYK C65 M53 Y76 K9

4. 华丽色彩组合

欧式古典风格可以采用多种颜色交互使用的配色方式，给人很强的视觉冲击力，也可以使人从中体会到一种冲破束缚、打破宁静的激情。具体配色时，可以采用对比色、邻近色交互的配色方式，但要注意比例，不要过于炫目。

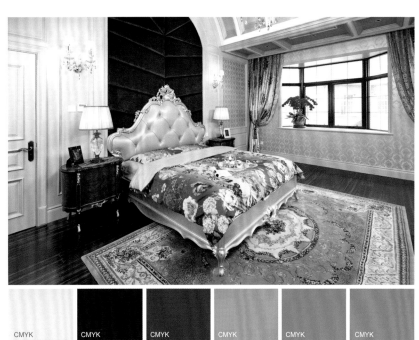

CMYK C13 M10 Y11 K0	CMYK C69 M96 Y74 K59	CMYK C70 M74 Y75 K43	CMYK C38 M41 Y69 K0	CMYK C56 M49 Y50 K0	CMYK C66 M38 Y58 K0

七、简欧风格

简欧风格保留了古典欧式的部分精髓，同时简化了配色方式，白色、金色、暗红色是其最常见的颜色。

若追求素雅效果，可以将黑色、白色、灰色组合作为主要配色，添加少量金色或银色；若追求厚重效果，可以用暗红色、大地色做主要配色；若追求清新感觉，则可以将蓝色作为主要配色。

区别于欧式古典风格，简欧风格的空间若不够宽阔，不建议大面积使用大地色系做墙面背景色，容易使人感觉沉闷，也会破坏风格精致的特征。

1. 白色 + 黑色 / 灰色

　　白色占据的面积较大，不仅可以用在背景色上，还会用在主角色上；白色无论搭配黑色、灰色或同时搭配两色，都极具时尚感。同时，常以新欧式造型以及家具款式，区分其他风格的配色。

CMYK
C15 M13 Y15 K0

CMYK
C60 M50 Y46 K0

CMYK
C82 M80 82 K67

2. 白色 + 金色 / 银色点缀

　　白色 + 金色 / 银色点缀可以营造出精美的室内风情，兼具华丽感和时尚感。在简欧风格中，金色和银色的使用注重质感，多为磨砂处理的材质，会被大量运用到金属器皿中，家具的腿部雕花中也常见金色和银色。

CMYK
C15 M13 Y15 K0

CMYK
C69 M26 Y22 K0

CMYK
C63 M75 Y79 K37

CMYK
C48 M86 Y62 K7

CMYK
C25 M51 Y68 K0

3. 白色 + 蓝色系

　　白色 + 蓝色系具有清新、自然的美感，符合简欧风格的轻奢特点。其中，蓝色既可以作为背景色、主角色等大面积使用，也可以少量点缀在居室配角色中。需要注意的是，配色时高明度的蓝色应用较多，如湖蓝色、孔雀蓝色等，暗色系的蓝色则比较少见。

CMYK C1 M2 Y1 K0	CMYK C63 M61 Y77 K17	CMYK C89 M77 Y45 K8	CMYK C28 M39 Y6 K0

4. 白色/米色+暗红色

用白色或米色作为背景色，如果空间较大，暗红色也可作为背景色和主角色使用；小空间中暗红色则不适合大面积用在墙面上，但可用在软装上进行点缀，这种配色方式带有明媚、时尚感。配色时也可以少量糅合墨蓝色和墨绿色，丰富配色层次。

CMYK
C3 M3 Y0 K0

CMYK
C65 M82 Y78 K48

CMYK
C96 M77 Y57 K26

5. 白色 + 绿色点缀

白色通常作为背景色，绿色则很少大面积运用，常作为点缀色或辅助配色；绿色的选用一般多用柔和色系，基本不使用纯色。这种配色印象清新、时尚，适合年轻业主。

CMYK
C3 M3 Y0 K0

CMYK
C89 M56 Y64 K13

CMYK
C57 M51 Y47 K0

CMYK
C26 M38 Y67 K0

CMYK
C3 M3 Y0 K0

CMYK
C88 M53 Y61 K9

CMYK
C29 M94 Y93 K0

八、法式宫廷风格

由于建筑的特点和面积的限制，在现代住宅中很难完全复制法式宫廷风格，所以通常是用比较简洁的建筑结构搭配具有法式宫廷风格的家具来再现该风格。

在配色设计方面，则完全采用法式宫廷风格的组合方式，追求宫廷气质和高贵而低调奢华的感觉。常用木质洗白的手法与华贵、艳丽的软装色调来彰显其独特的浪漫贵族气质。主色多见白色、金色、深色的木色等，家具多为木质框架且结构粗厚，多带有古典细节镶饰，彰显贵族品位。

1. 金色 / 黄色

　　金色在法式宫廷风格中会被较多运用，常出现在装饰镜框、家具纹饰等处，数量无须过多但做工须精致，力求营造出一种金碧辉煌的配色印象；有时也会结合高明度的黄色搭配使用，令整个空间透出明媚的奢靡气息。

CMYK
C3 M3 Y0 K0

CMYK
C19 M36 Y63 K0

CMYK
C3 M3 Y0 K0

CMYK
C45 M55 Y76 K1

CMYK
C88 M58 Y9 K0

2. 白色 + 湖蓝色 / 宝石蓝色

　　湖蓝色和宝石蓝色自带高贵气息，符合法式宫廷风格追求华贵的诉求。一般和白色进行搭配，塑造出华美中不失通透的空间环境。

CMYK C3 M3 Y0 K0	CMYK C63 M42 Y36 K0	CMYK C13 M9 Y8 K0	CMYK C39 M43 Y54 K0

3. 华丽的女性色

　　将纯度较高的女性色彩，如朱红色、果绿色、柠檬黄色、青蓝色、粉蓝色等组合运用，可以营造出绚丽、华美的法式宫廷风格。为了避免配色过于喧闹，可以用白色进行色彩调剂。

CMYK C42 M18 Y18 K0	CMYK C15 M28 Y21 K0	CMYK C25 M68 Y49 K0	CMYK C33 M30 Y37 K0

CMYK C3 M3 Y0 K0	CMYK C69 M56 Y82 K15	CMYK C30 M49 Y94 K0	CMYK C34 M20 Y12 K0	CMYK C38 M61 Y24 K0

九、法式乡村风格

法式乡村风格的配色一方面与法式宫廷风格类似，擅用浓郁的色彩营造出甜美的女性气息；另一方面也遵循了自然类风格的质朴配色印象，会利用大地色系来体现风格特征。另外，法式乡村风格还具备其本身所特有的地域印象，如紫色和黄色的运用，可以营造出浪漫、暖意的空间氛围。

在法式乡村风格的居室中，高纯度的暖色可以较大比例运用，但暗色调、暗浊色调（大地色除外）这类纯度较低的色彩则不宜大范围使用，容易破坏风格的唯美特性。

1. 较大比例的紫色

　　将紫色运用在墙面、布艺、装饰品等处，可以体现出浓浓的法式乡村情调，令人仿佛体验到薰衣草庄园的自然壮观和浪漫唯美。其中，紫色和白色搭配，空间配色印象较为利落；紫色和同类色搭配，空间配色印象和谐中带有丰富的层次感。

CMYK
C52 M62 Y29 K0

CMYK
C44 M51 Y74 K0

CMYK
C0 M0 Y0 K0

CMYK
C40 M43 Y22 K0

CMYK
C0 M0 Y0 K0

CMYK
C67 M44 Y42 K0

CMYK
C49 M46 Y62 K0

2. 黄色为主角色

代表暖意的黄色系在法式乡村风格中被大量采用，体现出一派暖意。配色时常与木质建材和仿古砖搭配使用，近似的色彩可以渲染出柔和、温润的气质，也恰如其分地突出了空间的精致感与装饰性。

CMYK
C8 M21 Y89 K0

CMYK
C26 M77 Y100 K0

CMYK
C0 M0 Y0 K0

CMYK
C16 M90 Y56 K0

3.白色+棕色系

法式乡村风格是典型的自然风格，因此来源于泥土的棕色系也是常见配色。棕色系既可以用在家具之中，也可以用在背景墙的配色中，与白色进行搭配，可展现质朴中不失纯粹的美感。

CMYK
C65 M69 Y70 K25

CMYK
C74 M91 Y42 K6

CMYK
C0 M0 Y0 K0

CMYK
C94 M81 Y38 K3

4. 女性色组合

将若干种女性色运用在法式乡村风格的居室中，可以体现出唯美感、精致感。配色时最好加入棕色系的木质家具或仿古砖，以及藤制装饰品等，用来凸显法式乡村风格的古朴特征。

| CMYK
C15 M49 Y55 K0 | CMYK
C52 M62 Y72 K6 | CMYK
C70 M38 Y22 K0 | CMYK
C0 M0 Y0 K0 | CMYK
C32 M10 Y39 K0 |

十、美式乡村风格

美式乡村风格其配色取用自然色调，一种是接近泥土的色彩，如大地色系；另一种为能够表现出生机的色彩，如绿色系。这两种色彩一般会大面积使用，例如作为背景色，大地色也通常作为主角色和配角色使用。

在美式乡村风格的家居中没有特别鲜艳的色彩，所以在进行此种风格的配色设计时，尽量不要加入此类色彩，虽然有时会使用红色或绿色，但明度都与大地色系接近，寻求的是一种平稳中具有变化的感觉，鲜艳的色彩会破坏这种感觉。

1. 大地色（主角色）+ 绿色

最具有自然气息的美式乡村风格配色。其中，大地色通常占据主要地位，并用木质材料呈现出来。绿色多用在部分墙面或窗帘等布艺装饰上，基本不使用纯净或纯粹的绿色，多具有做旧的感觉。

CMYK
C54 M74 Y84 K21

CMYK
C55 M38 Y62 K0

CMYK
C0 M0 Y0 K0

CMYK
C12 M40 Y56 K0

CMYK
C49 M85 Y88 K20

CMYK
C39 M22 Y40 K0

CMYK
C17 M21 Y39 K0

2. 白色（主色）+ 大地色 + 绿色

　　将白色用作顶面和墙面色彩，大地色用作地面色彩，形成稳定的空间配色关系。另外，大地色也可以作为主角色，而绿色则常作为配角色和点缀色，这样的配色关系既具有厚重感，也不失生机、通透。

CMYK
C0 M0 Y0 K0

CMYK
C64 M37 Y61 K0

CMYK
C56 M71 Y77 K20

CMYK
C16 M15 Y13 K0

CMYK
C52 M83 Y90 K26

CMYK
C76 M28 Y82 K0

CMYK
C87 M77 Y81 K64

3. 大地色 + 白色

　　大地色 + 白色可以塑造出较为明快的美式乡村风格，适合追求自然、素雅环境的居住者。如果空间小，可大量使用白色，大地色作为主角色；若同时组合米色，色调会有过渡感，空间配色显得更柔和。

CMYK
C0 M0 Y0 K0

CMYK
C72 M40 Y100 K2

CMYK
C51 M83 Y100 K25

CMYK
C27 M56 Y43 K0

4. 大地色组合

　　大地色在空间中大面积运用，可以同时作为背景色和主角色，组合时需注意拉开色调差，以避免沉闷感。也可以利用材质体现厚重色彩，如仿旧的木质材料、仿古地砖等。

CMYK
C23 M44 Y60 K0

CMYK
C48 M63 Y83 K6

CMYK
C56 M76 Y79 K26

CMYK
C24 M34 Y41 K0

CMYK
C43 M35 Y36 K0

十一、现代美式风格

现代美式风格来源于美式乡村风格，并在此基础上做了简化设计。空间强调简洁、明晰的线条，家具也秉承了这一特点，使空间呈现出更加利落的视觉观感。

在色彩设计上，现代美式风格的背景色一般为旧白色，家具色彩依然延续厚重色调，如将大地色广泛运用在家具和地面色彩之中，但装饰品的色彩更为丰富，常会出现红色、蓝色、绿色的比邻配色。

1. 比邻配色

比邻配色最初的设计灵感来源于美国国旗，基色由国旗中的蓝、红两色组成，具有浓厚的民族特色。这种对比强烈的色彩可以令家居空间更具视觉冲击，有效提升居室活力。除了蓝色、红色搭配，现代美式风格还衍生出另一种比邻配色，即红色、绿色搭配，配色效果同样引人入胜。

CMYK
C0 M0 Y0 K0

CMYK
C59 M78 Y77 K32

CMYK
C100 M97 Y60 K40

CMYK
C51 M100 Y97 K31

CMYK
C71 M59 Y100 K27

CMYK
C0 M0 Y0 K0

CMYK
C45 M39 Y36 K0

CMYK
C55 M94 100 K45

CMYK
C24 M100 Y100 K0

CMYK
C71 M0 Y72 K0

CMYK
C45 M8 Y6 K0

2.旧白色 + 浅木色

旧白色是指加入一些灰色和米色形成的色彩，比纯白色带有一种复古的感觉，更符合现代美式风格追求质朴的理念。同时与浅木色搭配，可以增加空间的温馨特质。

CMYK
C0 M0 Y0 K0

CMYK
C22 M14 Y7 K0

CMYK
C25 M45 Y69 K0

CMYK
C56 M50 Y56 K0

3. 浅木色 + 绿色

此种配色方式具有自然感和生机感，适合文艺的青年业主。其中，绿色常用在配角色、点缀色之中，不会大面积使用，浅木色则会出现在家具、地面、门套、木梁等处。

CMYK
C0 M0 Y0 K0

CMYK
C52 M37 Y68 K0

CMYK
C30 M35 Y59 K0

CMYK
C29 M25 Y32 K0

CMYK
C18 M353 Y70 K0

CMYK
C45 M17 Y77 K0

十二、田园风格

田园风格设计上讲求心灵的自然回归感，给人一种扑面而来的浓郁气息。在配色时，灵感来源大多为自然界中的色彩，如泥土、树木、鲜花、绿植等。

田园风格的墙面色彩多以浅色为主，不宜太过鲜艳，米色、浅黄色、浅灰绿色、淡紫色，甚至是浅灰色都可以，而后搭配具有特点的家具即可。

由于碎花、条纹和苏格兰格纹是田园风格的代表性图案，在进行配色设计时，如果不能准确定位配色组合方式，可以选择配色具有自然感且带有此类图案的材料装饰空间，例如碎花布艺沙发、格纹壁纸等，再搭配原木色系的地面，就可以塑造出浓郁的田园基调。

1. 白色 + 绿色 + 本木色

　　白色常用作吊顶、墙面的配色，绿色一般为布艺家具的色彩，也可以作为主题墙的色彩设计。另外，本木色是不可或缺的色彩，常用于地面或木质家具，可以凸显出田园风格的质朴感。

CMYK
C0 M0 Y0 K0

CMYK
C43 M61 Y73 K1

CMYK
C38 M15 Y38 K0

CMYK
C53 M85 Y77 K25

CMYK
C0 M0 Y0 K0

CMYK
C44 M53 Y72 K0

CMYK
C51 M31 Y55 K0

CMYK
C30 M76 Y69 K0

2. 白色 + 粉色 + 绿色

在白色与粉色中加入体现生机感的绿色，也是田园家居中常见的配色方式。其中，粉色和绿色可以通过明度变化来丰富空间的层次感。另外，粉色甚至可以延伸到桃红色、玫红色这些色相。

CMYK
C0 M0 Y0 K0

CMYK
C64 M75 Y91 K44

CMYK
C39 M18 Y59 K0

CMYK
C44 M93 Y87 K10

CMYK
C0 M0 Y0 K0

CMYK
C66 M56 Y80 K13

CMYK
C35 M58 Y19 K0

3. 女性色彩搭配

　　田园风格天生带有女性色彩，因此，女性色彩会大量出现，除了最受欢迎的粉色，大量糖果色、流行色也十分常见，如苹果绿、柠檬黄、岛屿天堂蓝等。主要注意的是，这类色彩大多干净、明亮，暗色调的配色不适合出现。

CMYK
C0 M0 Y0 K0

CMYK
C37 M26 Y18 K0

CMYK
C28 M78 Y16 K0

CMYK
C64 M50 Y78 K5

CMYK
C43 M47 Y69 K0

十三、北欧风格

　　北欧风格的色彩使用非常朴素，给人以干净的视觉效果。由于材料多为自然类（最常见的为木材），其材料本身所具有的柔和色彩，代表着独特的北欧风格，能展现出一种清新的原始之美。

　　由于北欧风格的墙面一般少有造型，所用色彩也大多柔和、朴素，可以在不改变整体设计理念的情况下，对墙面做一点改变，如适当地加入一些带有素雅纹理或低纯度彩色的壁纸或装饰画，更能塑造出具有时代感的居室环境。这种纯美色调可以运用在吊灯、地毯、抱枕、花瓶等软装上。

1. 白色 + 原木色

在白色为背景色，原木色为主角色和配角色时，通常会加入灰色作为两种色彩之间的调剂。另外，原木色常以木质家具或家具边框的形式呈现，空间氛围温润、雅致。

CMYK
C0 M0 Y0 K0

CMYK
C43 M53 Y68 K0

CMYK
C35 M27 Y26 K0

2. 白色 + 黑色

大面积运用白色、黑色作为点缀，若觉得配色单调或对比过强，可加入木质家具调节。这种配色方式和现代风格的配色区别主要体现在家具以及墙面的造型上。

CMYK
C0 M0 Y0 K0

CMYK
C85 M81 Y80 K67

CMYK
C31 M24 Y23 K0

3. 白色 + 灰色

任意一种色彩均可做背景色、主角色，另一种做配角色、点缀色。其中，灰色可具有不同明度的变化，其明度越高，效果越柔和；明度越低，效果越明快。

CMYK
C0 M0 Y0 K0

CMYK
C31 M24 Y23 K0

CMYK
C75 M54 Y90 K16

CMYK
C32 M65 Y68 K0

CMYK
C0 M0 Y0 K0

CMYK
C62 M54 Y52 K1

CMYK
C57 M62 Y74 K11

4. 白色 + 蓝色 + 黄色

　　白色常作为背景色，黄色常作为主角色、配角色，蓝色则可作为任意一种色彩角色。配色时，蓝色最好为浊色调，黄色则可以是纯色调，也可以是浊色调。另外，若黄色的纯度较高，则可通过木质材料或布艺来表现。

CMYK
C0 M0 Y0 K0

CMYK
C70 M55 Y34 K0

CMYK
C29 M40 Y76 K0

CMYK
C82 M80 Y77 K63

CMYK
C0 M0 Y0 K0

CMYK
C56 M42 Y45 K0

CMYK
C21 M19 Y92 K0

CMYK
C23 M22 Y35 K0

5. 浊色调或微浊色调色彩

　　除了与经典的无彩色系搭配，北欧风格也常见大面积的浊色调或微浊色调色彩，如淡山茱萸粉、雾霾蓝、仙人掌绿等，这些色彩既可以作为主角色，也可以作为背景色，形成文艺中带有时尚的北欧风格配色。

CMYK
C0 M0 Y0 K0

CMYK
C40 M18 Y14 K0

CMYK
C41 M33 Y37 K0

CMYK
C62 M62 Y72 K14

CMYK
C20 M27 Y19 K0

CMYK
C11 M8 Y7 K0

CMYK
C36 M29 Y27 K0

CMYK
C72 M60 Y76 K22

CMYK
C0 M0 Y0 K0

CMYK
C25 M35 Y33 K0

CMYK
C36 M29 Y27 K0

6. 金色点缀

金色常通过金属材质来表现，常用在灯具、装饰画框和花盆中。较经典的配色有白色 + 浊色调绿色 + 金色，可以塑造出带有复古感的北欧风情；白色 + 明色调蓝色 + 金色，可以塑造出清爽、时尚的北欧风情。

| CMYK C0 M0 Y0 K0 | CMYK C15 M27 Y40 K0 | CMYK C44 M51 Y67 K0 | CMYK C81 M68 Y97 K52 | CMYK C88 M85 Y79 K70 |

十四、地中海风格

地中海风格的家居给人的感觉犹如浪漫的地中海海域一样，充满着自由、纯美的气息。色彩设计从地中海流域的特点中取色，因此，配色往往不需要太多的技巧，只要以简单的心态，捕捉光线、取材大自然，大胆而自由地运用色彩、样式即可。

另外，地中海风格擅用海洋和绿植元素来丰富空间配色。例如，帆船、船锚等工艺品，或是小型的绿植来增强风格特点，使主题更突出。需要注意的是，如果将这些元素用在壁纸和布艺中则颜色宜清新一些。

1. 白色 + 蓝色

配色灵感源自希腊的白色房屋和蓝色大海的组合，是非常经典的地中海风格配色，效果清新、舒爽，常用于蓝色门窗搭配白色墙面，或蓝白相间的家具。

CMYK
C0 M0 Y0 K0

CMYK
C69 M48 Y31 K0

CMYK
C25 M26 Y34 K0

CMYK
C0 M0 Y0 K0

CMYK
C89 M62 Y25 K0

CMYK
C93 M89 Y63 K47

2. 黄色 + 蓝色

配色灵感源于意大利的向日葵，具有天然、自由的美感。如果以高纯度黄色为主角色可以令空间显得更加明亮，而用蓝色进行搭配，则避免了配色效果过于刺激。另外，其中的黄色也可以用同为暖色系的橙色来体现，但一般将蓝色作为主要色彩，橙色作为辅助色彩。

CMYK
C28 M33 Y96 K0

CMYK
C43 M3 Y12 K0

CMYK
C0 M0 Y0 K0

CMYK	CMYK	CMYK	CMYK	CMYK
C100	C68	C0	C40	C20
M93	M53	M0	M33	M66
Y47	Y46	Y0	Y29	Y77
K10	K0	K0	K0	K0

3. 白色+原木色

此种配色较适用于追求低调感地中海风格的业主。白色常作为背景色，也可以用米色替代，原木色则多用在地面、拱形门造型的边框，以及墙面、顶面的局部装饰。

CMYK
C0 M0 Y0 K0

CMYK
C56 M66 Y72 K12

CMYK
C25 M20 Y28 K0

CMYK
C48 M28 Y20 K0

4. 大地色 + 蓝色

将两种典型的地中海代表色相融合，兼具亲切感和清新感。若想增加空间层次，可运用不同明度的蓝色进行调剂，若追求清新中带有稳重感，可将蓝色作为主要色彩；若追求亲切中带有清新感，可将大地色作为主要色彩。

CMYK
C81 M67 Y31 K0

CMYK
C39 M62 Y82 K1

CMYK
C28 M32 Y43 K0

CMYK
C0 M0 Y0 K0

CMYK
C64 M25 Y24 K0

CMYK
C43 M43 Y49 K0

CMYK
C26 M53 Y75 K0

CMYK
C0 M0 Y0 K0

十五、东南亚风格

东南亚家居风格崇尚自然，带来浓郁的异域气息。配色可总结为两类：一类是将各种家具，包括饰品的颜色控制在棕色系或咖啡色系范围内，再用白色或米黄色全面调和。另一类是采用艳丽颜色做背景色或主角色，例如，红色、绿色、紫色等，再搭配艳丽色泽的布艺系列，黄铜类、青铜类的饰品以及藤、木等材料的家具。前者配色温馨，小户型也适用；后者配色跳跃、华丽，较适合大户型，两者各有特色。

另外，当空间中采用的配色较朴素时，可以选取相应的图案来增加层次感并强化风格，例如，热带特有的椰子树、树叶、花草等图案均可。

1. 原木色系

常作为空间背景色和主角色，体现出拙朴、自然的姿态。若搭配白色或高明度浅色，如米色、米黄色等，空间效果明快、舒缓；若搭配低明度彩色，如暗蓝绿色、暗红色等，空间则具有沉稳感。另外，如果将原木色用在墙面，多以自然材料展现，如木质、椰壳板等。

CMYK
C11 M14 Y29 K0

CMYK
C61 M88 Y100 K53

CMYK
C52 M53 Y54 K0

CMYK
C20 M22 Y36 K0

CMYK
C61 M88 Y100 K53

CMYK
C53 M45 Y52 K0

2. 大地色 + 紫色

此种配色可以体现出家居风格的神秘与高贵，强化东南亚风格的异域风情。但紫色用得过多会显得俗气，在使用时要注意度的把握，适合局部点缀在纱幔、手工刺绣的抱枕或桌旗之中。

CMYK
C62 M80 Y85 K44

CMYK
C38 M75 Y28 K0

CMYK
C30 M30 Y35 K0

3. 大地色 / 无彩色系 + 多彩色

大地色、无彩色系作为主要配色，紫色、黄色、橙色、绿色、蓝色、红色中的至少三种色彩作为点缀色，形成具有魅惑感和异域感的配色方式。在具体设计时，绚丽的点缀色可以用在软装和工艺品上，多彩色在色调上可以拉开差距。

CMYK
C60 M84 Y83 K44

CMYK
C44 M96 Y32 K0

CMYK
C10 M6 Y4 K0

CMYK
C34 M43 Y67 K0

CMYK
C89 M624 Y57 K13

4. 大地色 + 对比色

通常大地色用作主角色，红色、绿色或红色、蓝色作为软装的配角色，可彰显出浓郁的热带雨林风情。在配色时，基本不会使用纯色调的对比，多为浓色调的对比，主要通过各种布料或花艺来展现。

CMYK
C60 M84 Y83 K44

CMYK
C46 M96 Y89 K17

CMYK
C10 M6 Y4 K0

CMYK
C94 M81 16 K0

CMYK
C59 M57 Y49 K0

5. 无彩色系 + 棕色 + 绿色

无彩色系、棕色作为主要色彩，搭配绿色，可营造出具有生机感的东南亚风格；为了避免和田园风格形成类似效果，在图案的选择上应有所区别，例如多采用热带植物图案的布艺、大象装饰画等。

CMYK
C10 M6 Y4 K0

CMYK
C13 M40 Y90 K0

CMYK
C65 M78 Y84 K49

CMYK
C54 M55 Y53 K1

CMYK
C83 M55 Y73 K17

第三节
精准运用色彩引领室内意向传达

一、影响配色意向的因素

　　室内意向就是想要塑造出的氛围，是活泼的、清新的、沉稳的还是复古的，无论怎么好看的配色，如果与想要塑造的色彩印象不符，不能够传达出正确的意义，都是不成功的，人们看到配色效果所感受到的意义，与设计者想要传达的思想产生共鸣才是成功的配色。

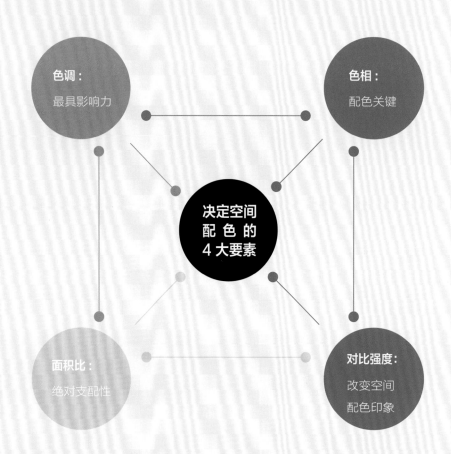

色调：最具影响力

色相：配色关键

决定空间配色的4大要素

面积比：绝对支配性

对比强度：改变空间配色印象

1. 色调对配色印象最具影响力

色调是对配色印象影响最大的属性，即使是相同的色相，采用不同的色调，配色印象也会发生改变。在进行家居配色时，可以根据想要表达的情感意义来选择主色调。

很多居住者对于色调这一概念并不了解，但往往会表述出喜爱的空间氛围，如想让家里显得清爽一些，或者希望家居空间呈现出华丽感。这时就可以利用色调来构建空间配色印象，如追求宁静的居室可以选择明浊色调，追求清新的居室可以选择明色调，而追求豪华感的居室则可以用暗色调来增加空间的底蕴。

明浊色调塑造出温暖、明媚的氛围

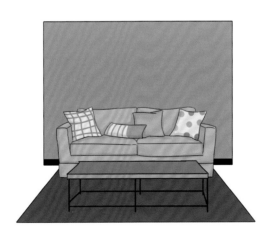

色相相同，将色调变为暗浊色调，空间氛围即刻变得沉稳、厚重

2. 色相与配色印象关系密切

每一种色相都有其独特的色彩意义，当看到红色、紫色时，第一感觉就会联想到女性，看到棕色、绿色的组合，就会使人想到大自然，根据需要选择恰当的色相，是塑造配色印象的关键。除了主角色之外，空间中还会存在配角色和点缀色，它们之间色相差的大小，同样对色彩印象的形成有着非常重要的影响。

空间的主角色为黄色色相，对塑造温馨的空间印象起着决定作用

将沙发的色相调整为偏离主色色相的红色色相，由于主角色相具有面积优势，仍对空间印象起着支配作用

3. 调整配色对比强度改变空间配色印象

对比强度包括了色相对比、色调对比、明度对比和纯度对比，调整配色之间的对比强度，就能够对整体配色进行调整，加大对比增加活力感，减弱对比则产生高雅、含蓄的感觉。

对比强度与配色印象		
类型	强度大	强度小
色相对比		
色调对比		
明度对比		
纯度对比		

4. 面积优势与面积比

一个家居空间中，占据最大面积的色彩是背景色，其中墙面有着绝对面积及地位的优势，而主角色位于视线的焦点，这两类色彩对空间整体配色的走向有着绝对支配性作用。

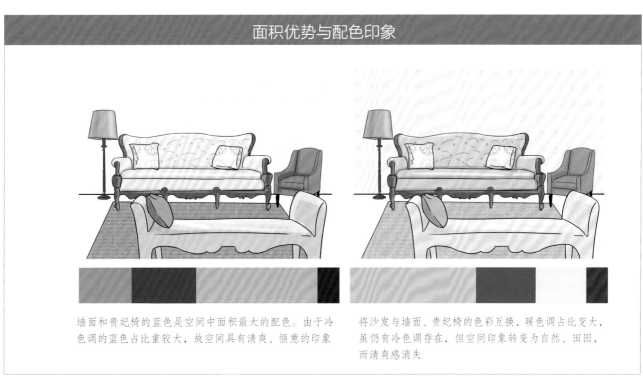

面积优势与配色印象

墙面和贵妃椅的蓝色是空间中面积最大的配色。由于冷色调的蓝色占比重较大，故空间具有清爽、惬意的印象

将沙发与墙面、贵妃椅的色彩互换，暖色调占比变大，虽仍有冷色调存在，但空间印象转变为自然、田园，而清爽感消失

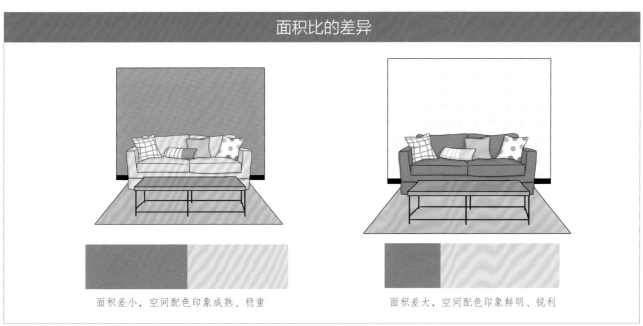

面积比的差异

面积差小，空间配色印象成熟、稳重

面积差大，空间配色印象鲜明、锐利

二、时尚

　　每一年甚至每一个季度，时尚界总是有不同的流行元素出现，包括配色、图案等，将这些元素复制到家居配色中，就是时尚的配色印象。将时尚配色运用在家居中，可以整套复制一组流行色，也可以单独复制一种喜欢的色彩，再根据需要搭配其他的颜色。

CMYK
C6 M63 Y95 K0

CMYK
C81 M100Y32 K0

CMYK
C86 M49 Y100 K13

配色
禁忌

　　大面积运用流行色需慎重：将时尚色用作重点色或辅助色是安全的做法，如果大面积用在墙面，考虑不周全时很容易凸显户型缺点，而采用白色墙面无论什么颜色都可以容纳，容易获得协调效果。

CMYK
C67 M76 Y52 K10

CMYK
C30 M24 Y21 K0

CMYK
C5 M5 Y1 K0

CMYK
C0 M57 Y71 K0

CMYK
C42 M38 Y46 K0

CMYK
C75 M74 Y83 K55

CMYK
C89 M54 Y59 K8

CMYK
C42 M43 Y43 K0

CMYK
C5 M5 Y1 K0

三、活力

活泼型家居配色主要来源于生活中多样的配色，常依靠高纯度的暖色系作为主角色，搭配白色、冷色系或中性色，能够使活泼的感觉更强烈。另外，活泼感的塑造需要高纯度色调，若有冷色系组合，冷色系的色调越纯，效果越强烈。

CMYK
C29 M31 Y95 K0

CMYK
C1 M47 Y92 K0

CMYK
C74 M35 Y10 K0

CMYK
C25 M86 Y62 K0

配色
禁忌

避免冷色系或暗沉的暖色系为主角色；活力氛围主要依靠明亮的暖色系为主角色来营造的，冷色系加入做调节可以提升配色的张力。若以冷色系或者暗沉的暖色系为主角色，则会失去活力的氛围。

CMYK
C19 M13 Y86 K0

CMYK
C0 M0 Y0 K0

CMYK
C27 M50 Y0 K0

CMYK
C83 M78 Y80 K63

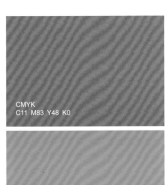

CMYK
C11 M83 Y48 K0

CMYK
C76 M21 Y23 K0

CMYK
C82 M57 Y53 K6

CMYK
C4 M3 Y3 K0

四、华丽

华丽型的家居配色可以参考欧式宫廷风格的配色，以及彩纱华服配色。常以暖色系为中心，如金色、红色和橙色，也常见中性色系中的紫色和紫红色，这些色相的浓、暗色调具有豪华、奢靡的视觉感受。材质上可以选择金箔、银箔壁纸，以及琉璃工艺品来增加华丽感觉。

配色禁忌

避免冷色系与暗浊调的暖色系：华丽型配色给人热烈、奢华的感受，过于理性的冷色系会破坏此种色彩印象，要避免使用。另外，暗浊调的暖色系其纯度较低，给人含蓄、内敛的色彩印象，也不适合华丽型家居配色。

CMYK
C19 M29 Y6 K0

CMYK
C63 M87 Y60 K24

CMYK
C47 M100 Y100 K20

CMYK
C32 M48 Y94 K0

CMYK
C56 M69 Y49 K2

CMYK
C37 M40 Y37 K0

CMYK
C13 M9 Y10 K0

CMYK
C24 M45 Y60 K0

CMYK
C34 M61 Y91 K0

CMYK
C59 M98 Y72 K40

CMYK
C25 M29 Y29 K0

五、浪漫

　　浪漫型家居配色取自婚纱、薰衣草等带有唯美气息的物件，常运用明色调、微浊色调的粉色、紫色、蓝色等。如果用多种色彩组合表现浪漫感，最安全的做法是用白色、灰色或根据喜好选择其中一种色彩作为背景色，其他色彩有主次地分布。材质上可以选择丝绸质地，体现带有高贵感的浪漫家居。

配色
禁忌

　　避免纯色调＋暗色调、冷色调组合：浪漫型居室较适合明亮色相，可以利用其中的2~3种搭配；但如果使用纯色调＋暗色调、冷色调的色彩互相搭配，则不会产生浪漫效果。

Massage

CMYK
C47 M65 Y11 K0

CMYK
C53 M65 Y0 K0

CMYK
C37 M25 Y2 K0

CMYK
C15 M36 Y15 K0

CMYK
C39 M37 Y33 K0

CMYK
C44 M12 Y24 K0

CMYK
C54 M81 Y52 K4

CMYK
C19 M12 Y72 K0

CMYK
C47 M29 Y25 K0

CMYK
C47 M39 Y41 K0

CMYK
C52 M55 Y39 K0

CMYK
C15 M11 Y8 K0

CMYK
C15 M10 Y9 K0

CMYK
C63 M42 Y37 K0

CMYK
C62 M57 Y21 K0

CMYK
C52 M53 Y54 K0

六、温馨

温馨型家居的配色来源主要为阳光、麦田等带有暖度的物品；水果中的橙子、香蕉、樱桃等所具有的色彩，也是温馨家居的配色来源。配色时主要依靠纯色调、明色调、微浊色调的暖色做主角色，如黄色系、橙色系、红色系。材质上可以选择棉、麻、木、藤来体现温暖感。

配色
禁忌

冷色系、无彩色系
需慎重使用：大面积的
冷色系容易使空间失去
温暖感；无彩色系中的
黑色、灰色、银色也应
尽量减少使用。

CMYK
C16 M6 Y81 K0

CMYK
C35 M100 Y93 K2

CMYK
C19 M58 Y99 K0

CMYK
C33 M40 Y75 K0

CMYK C8 M26 Y86 K0	CMYK C18 M97 Y100 K0	CMYK C17 M3 Y9 K0	CMYK C83 M35 Y82 K0

CMYK C20 M76 Y89 K0	CMYK C83 M59 Y27 K0	CMYK C17 M3 Y9 K0	CMYK C41 M46 Y49 K0

CMYK
C9 M70 Y40 K0

CMYK
C40 M37 Y44 K0

CMYK
C46 M35 Y68 K0

CMYK
C62 M58 Y55 K3

CMYK
C35 M49 Y63 K0

CMYK
C15 M13 Y17 K0

七、自然

　　自然型家居取色于大自然中的泥土、绿植、花卉等，色彩丰富又不失沉稳。其中以绿色最为常用，其次为栗色、棕色、浅茶色等大地色系。材质则主要为木质、纯棉，可以给人带来温暖的感觉。

CMYK
C51 M9 Y75 K0

CMYK
C84 M54 Y100 K23

CMYK
C7 M40 Y0 K0

CMYK
C54 M65 Y100 K15

CMYK
C73 M51 Y75 K8

CMYK
C6 M5 Y2 K0

CMYK
C17 M13 Y16 K0

CMYK
C81 M76 Y65 K38

CMYK
C74 M61 Y79 K27

CMYK
C52 M54 Y59 K1

CMYK
C75 M75 Y77 K51

CMYK
C10 M7 Y7 K0

CMYK
C75 M60 Y93 K31

CMYK
C38 M25 Y27 K0

CMYK
C54 M58 Y77 K6

CMYK
C26 M34 Y18 K0

八、清新

清新型家居的取色来源于大海和天空，自然界中的绿色也带有一定的清凉感。配色时宜采用淡蓝色或淡绿色为主角色，并运用低对比度融合性的配色手法。另外，无论蓝色，还是绿色，单独使用时都建议与白色组合，能够使清新感更强烈。在材质上，轻薄的纱帘十分适用。

CMYK
C80 M39 Y26 K0

CMYK
C55 M0 Y20 K0

CMYK
C82 M51 Y100 K18

配色
禁忌

避免暖色用作背景色和主角色：如果暖色占据主要位置，会失去清爽感。暖色可以作为点缀色使用，如以花卉的形式表现，可弱化冷色空间的冷硬感。

CMYK
C40 M22 Y12 K0

CMYK
C7 M4 Y2 K0

CMYK
C71 M49 Y66 K4

CMYK
C35 M26 Y23 K0

CMYK
C48 M15 Y18 K0

CMYK
C70 M53 Y83 K12

CMYK
C41 M57 Y89 K1

CMYK
C65 M59 Y57 K6

CMYK
C13 M9 Y10 K0

CMYK
C58 M13 Y22 K0

CMYK
C49 M46 Y53 K0

CMYK
C26 M22 Y89 K0

CMYK
C13 M9 Y10 K0

九、朴素

朴素型的色彩印象主要依靠无彩色系、蓝色系、茶色系几种色系的组合来表达，除了白色、黑色，色调以浊色、淡浊色、暗色为主。朴素型的家具线条大多横平竖直，较为简洁，空间少见复杂的造型，材质上多见棉麻制品。

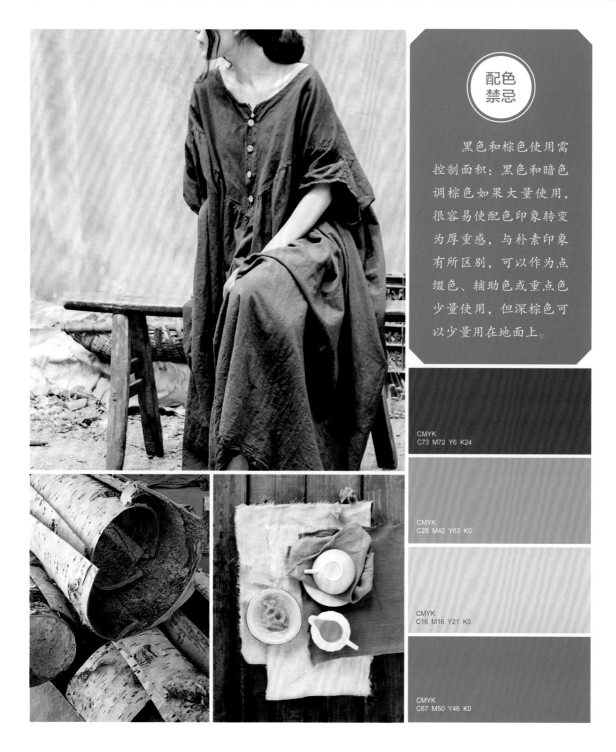

配色
禁忌

黑色和棕色使用需控制面积：黑色和暗色调棕色如果大量使用，很容易使配色印象转变为厚重感，与朴素印象有所区别，可以作为点缀色、辅助色或重点色少量使用，但深棕色可以少量用在地面上。

CMYK
C73 M72 Y6 K24

CMYK
C28 M42 Y63 K0

CMYK
C16 M16 Y21 K0

CMYK
C67 M50 Y46 K0

CMYK
C63 M68 Y68 K200

CMYK
C33 M36 Y58 K0

CMYK
C13 M9 Y10 K0

CMYK
C26 M19 Y16 K0

CMYK
C41 M39 Y42 K0

CMYK
C13 M9 Y10 K0

CMYK
C93 M79 Y50 K15

CMYK
C54 M61 Y81 K9

CMYK
C13 M9 Y10 K0

CMYK
C45 M41 Y43 K0

CMYK
C59 M76 Y87 K36

十、禅意

禅意型家居通常会选择一些淡雅、自然的色彩作为空间主角色，且很少使用多余色彩，多偏重于浅木色，也会出现少量浊色调蓝色、红色等点缀色彩。禅意型家居相对于朴素型家居更注重意境的营造，往往给人一种节制、深邃的感受。

配色
禁忌

避免纯度和明度过高的色彩：纯度和明度过高的色彩容易带来视觉冲击，形成跳跃，进而打破空间的清幽感，破坏禅意韵味。

CMYK
C37 M31 Y28 K0

CMYK
C44 M70 Y97 K6

CMYK
C93 M88 Y89 K80

CMYK
C19 M25 Y49 K0

CMYK
C30 M24 Y39 K0

CMYK
C86 M60 Y53 K8

CMYK
C50 M44 Y52 K0

CMYK
C53 M61 Y86 K9

CMYK
C71 M52 Y72 K9

CMYK
C15 M11 Y11 K0

CMYK
C29 M36 Y45 K0

CMYK
C87 M84 Y78 K68

十一、传统

传统型家居配色最重要的是体现出时间积淀，老木、深秋落叶、带有历史感的建筑，能很好体现出这一特征。配色时主要依靠暗色调、暗浊色调的暖色及黑色体现，常用近似色调。材质上多用木材，可以打造出带有温暖感的传统型家居。

配色
禁忌

避免大面积高浓度暖色：不要选择高浓度暖色作为主角色或配角色，如红色、紫红色、金黄色等，此类色彩具有华丽感，很容易改变厚重的印象。

CMYK
C68 M90 Y79 K60

CMYK
C50 M81 Y100 K21

CMYK
C49 M59 Y93 K5

CMYK
C52 M90 Y73 K22

CMYK
C19 M14 Y19 K0

CMYK
C56 M54 Y54 K1

CMYK
C53 M91 Y99 K36

CMYK
C49 M59 Y94 K5

CMYK
C1 M1 Y1 K0

CMYK
C71 M78 Y85 K56

CMYK
C49 M67 Y76 K8

CMYK
C57 M91 Y75 K38

CMYK
C100 M90 Y55 K30

十二、工业

工业型风格的配色主要来源于机械、旧工厂的水泥墙等，体现出一种男性的粗犷与冷硬。空间背景色常为黑白灰色系，以及红砖墙的色彩，有时也会利用夸张的图案来表现该风格的特征。另外，工业型风格常会一反色彩的配置规则，色调之间往往没有主次之分。

配色禁忌

避免过于强烈的纯色：由于工业型风格给人的印象是冷峻、硬朗、个性的，因此家居设计中一般不会选择蓝色、紫色、绿色等色彩感过于强烈的纯色。

CMYK
C50 M49 Y53 K0

CMYK
C82 M78 Y63 K37

CMYK
C54 M75 Y100 K25

CMYK
C44 M52 Y52 K0

CMYK
C84 M81 Y79 K66

CMYK
C42 M39 Y46 K0

CMYK
C63 M60 Y64 K9

CMYK
C41 M64 Y83 K2

CMYK
C33 M30 Y34 K0

CMYK
C64 M58 Y57 K5

CMYK
C18 M45 Y61 K0

CMYK
C56 M100 Y100 K48

十三、商务

商务型家居配色体现的是理性思维，配色来源于带有都市感的钢筋水泥大楼、高科技的电子产品等。因此，无彩色系中的黑色、灰色、银色等色彩与低纯度的冷色系搭配较为适合。材质上可以选择金属、玻璃、大理石等冷材质。

配色
禁忌

不适宜大面积使用高纯度色彩：无彩色系中的灰色可以带有彩色倾向，例如蓝灰色、紫灰色等。但商务型居室不适宜用大面积的高纯度彩色来进行装饰，会破坏空间理性的气息。

CMYK
C12 M9 Y9 K0

CMYK
C42 M34 Y32 K0

CMYK
C82 M78 Y76 K59

CMYK
C12 M10 Y5 K0

CMYK
C51 M44 Y41 K0

CMYK
C85 M81 Y80 K68

CMYK
C12 M10 Y5 K0

CMYK
C88 M84 Y82 K73

CMYK
C58 M74 Y96 K31

十四、男性

　　男性给人的印象是阳刚的、有力量的，在设计时可以运用蓝色或者黑色、灰色等无彩色系结合表现，也可将高明度或浊色调的黄色、橙色、红色作为点缀色，但需控制比重，通常来说居于主要地位的大面积色彩，除了白色、灰色外，不建议明度过高。

配色禁忌

　　避免过于柔美、艳丽的色彩：过于淡雅的暖色及中性色具有柔美感，不适合大面积用于男性居住空间的环境色中；鲜艳的粉色、红色具有女性特点，也应避免。

CMYK
C93 M88 Y89 K80

CMYK
C6 M40 Y86 K0

CMYK
C80 M76 Y57 K23

CMYK
C56 M57 Y62 K4

CMYK
C6 M5 Y3 K0

CMYK
C54 M84 Y73 K24

CMYK
C37 M21 Y20 K0

CMYK
C1 M0 Y0 K0

CMYK
C57 M70 Y84 K22

CMYK
C54 M45 Y39 K0

CMYK
C86 M82 Y79 K67

CMYK
C100 M85 Y38 K3

CMYK
C36 M28 Y28 K0

CMYK
C81 M75 Y75 K53

CMYK
C53 M48 Y55 K0

CMYK
C17 M23 Y65 K0

十五、女性

女性型家居在使用色相方面基本没有限制，即使是黑色、蓝色、灰色也可以应用，但需要注意色调的选择，避免过于深暗的色调及强对比。另外，红色、粉色、紫色等具有强烈女性主义的色彩在家居空间中运用十分广泛，但同样应注意色相不宜过于暗淡、深重。

CMYK
C34 M100 Y100 K1

CMYK
C29 M92 Y46 K0

CMYK
C7 M48 Y17 K0

CMYK
C42 M16 Y0 K0

配色禁忌

避免大面积暗色系：女性空间虽可用冷色系表现，但要避免大面积使用暗沉冷色，这类配色可做点缀色，或用在地毯等地面装饰上。另外，暗色调暖色系具有复古感，运用时要避免与纯色调或暗色调冷色系同时大面积使用，容易产生强对比，安全的方式是组合色相相近的淡色调。

CMYK
C40 M32 Y29 K0

CMYK
C22 M26 Y87 K0

CMYK
C98 M81 Y43 K6

CMYK
C36 M100 Y100 K2

CMYK
C56 M26 Y96 K0

CMYK
C22 M25 Y29 K0

CMYK
C56 M32 Y23 K0

CMYK
C63 M94 Y31 K0

CMYK
C48 M100 Y100 K21

CMYK
C92 M87 Y88 K79

CMYK
C17 M10 Y8 K0

十六、儿童

　　儿童房型配色根据不同性别、不同年龄段而有所区分，但总体应体现出活泼、灵动之感。其中，男孩儿童房的色彩大多为蓝色、绿色或暗暖色；女孩儿童房的配色偏向于暖色系，也常会用到混搭色彩。另外，可以利用适合儿童心理特征的图案来丰富空间的色彩。

配色禁忌

　　儿童型配色不应太过鲜艳、压抑：虽然儿童房的配色应体现出活泼感，但整体配色却不宜太过鲜艳，容易降低儿童对色彩的辨认度，可以在整体明亮、轻快的浅色调中，突出一两种重点颜色，以加深儿童对色彩的鲜明印象。

CMYK
C21 M35 Y78 K0

CMYK
C4 M81 Y54 K0

CMYK
C54 M41 Y83 K0

CMYK
C44 M3 Y11 K0

CMYK
C0 M0 Y1 K0

CMYK
C79 M30 Y27 K0

CMYK
C27 M15 Y18 K0

CMYK
C6 M56 Y77 K0

CMYK
C71 M40 Y28 K0

CMYK
C60 M79 Y72 K30

CMYK
C12 M10 Y6 K0

CMYK
C44 M51 Y67 K0

CMYK
C0 M0 Y1 K0

CMYK
C74 M55 Y78 K16

CMYK
C20 M17 Y87 K0

CMYK
C93 M71 Y38 K2

十七、老人

老人一般喜欢相对安静的环境，可以使用一些舒适、安逸的配色，如米色、米黄色、暗暖色等。在柔和的前提下，也可使用一些暗色调的对比色来增添层次感和活跃度。为防止配色单调，还可以在床品类软装上做文章，如选择拼色或带图案的床单，图案以典雅花型为主，如墨青色荷花、中式花纹等。

配色
禁忌

避免色调太过鲜艳：无论使用什么色相，色调都不能太过鲜艳，否则容易令老人感觉头晕目眩，且老年人的心脏功能有所下降，色调鲜艳很容易令人感觉刺激，不利于身体健康。

CMYK
C22 M11 Y23 K0

CMYK
C73 M56 Y43 K1

CMYK
C53 M76 Y72 K15

CMYK
C69 M74 Y76 K41

CMYK
C0 M0 Y1 K0

CMYK
C53 M82 Y98 K28

CMYK
C57 M67 Y74 K16

CMYK
C71 M75 Y83 K52

CMYK
C0 M0 Y1 K0

CMYK
C49 M30 Y29 K0

CMYK
C29 M31 Y33 K0

CMYK
C84 M79 Y81 K66

CMYK
C0 M0 Y1 K0

CMYK
C54 M89 Y79 K30

CMYK
C65 M54 Y55 K3

CMYK
C99 M84 Y47 K12

色彩在家居空间中的表现常受制于一些因素，

如家居材料、空间光源、形态图案、

软装搭配、空间功能等，

只有色彩与这些因素和谐共存时，

家居配色才能满足赏心悦目与实用的诉求，

进而塑造出宜居好住的室内空间。

CHAPTER 4

第四章

领悟色彩与室内关系，
塑造宜居好住空间

色彩与室内因素结合，不要孤立设计

一、光源与色彩

1. 自然光源对室内配色的影响

色彩与自然光源的关系主要体现在居室朝向上，不同朝向的居室会因为不同光照而有不同特点。例如，北向居室一年四季晒不到太阳，温度偏低，宜选择淡雅暖色或中性色；东西朝向居室光照一天之中变化很大，直对光照的墙面可选择吸光色，背光墙面选择反光色，墙壁不宜为橘黄色或淡红色等，选择冷色调较合适；南向房间日照充足，建议离窗户近的墙面采用吸光的深色色相、中性色相或冷色相，从视觉上降低燥热程度。

另外，室内墙壁色彩基调一般不宜与室外环境形成强烈对比，窗外若有红光反射，室内不宜选用太浓的蓝色、绿色。色彩对比太强，易使人感觉疲劳，产生厌倦情绪，浅黄色、奶黄色偏暖，效果会更好。相反，窗外若有树叶或较强的绿色反射光，室内颜色则不宜太绿或太红。

CMYK
C28
M37
Y88
K0

◁北向儿童房采用暖色增添温馨感，弱化室内阴暗之感

CMYK
C77
M59
Y53
K6

◁西向客厅用冷色调给人清凉感，避免强烈光照造成的炎热感

CMYK
C85
M72
Y28
K0

◁东向厨房用深蓝色与无彩色系搭配，适应光线变化

CMYK
C69
M39
Y48
K0

◁南向客厅利用冷色系作为背景色，有效降低燥热感

2. 人工光源对室内配色的影响

　　家居空间内的人工照明主要依靠 LED 灯和荧光灯两种光源。这两种光源对室内的配色会产生不同的影响，LED 灯节能环保，光色纯正，使用寿命较长；荧光灯的色温较高，偏冷，具有清新、爽快的感觉。

　　在暖色调为主的空间中，宜采用低色温的光源，可使空间内的温暖基调加强；在冷色调为主的空间中，主光源可使用高色温光源，局部搭配低色温的射灯、壁灯来增加一些朦胧的氛围。另外可利用色温对居室配色和氛围的影响，在不同的功能空间采用不同色温的照明。例如，高色温清新、爽快，适合用在工作区域，例如，书房、厨房、卫生间等区域做主光源。低色温给人温暖、舒适的感觉，很适合用在需要烘托氛围的空间中做主光源，例如客厅、餐厅。而在需要放松的卧室中，也可以采用低色温的灯光，低色温能促进褪黑素的分泌，具有促进睡眠的作用。

CMYK
C8 M18 Y83 K0

◁ 暖 色 调 的
卧 室 适 合 低
色 温 的 光 源

CMYK
C31 M13 Y15 K0

◁ 冷 色 调 的
书 房 适 合 高
色 温 的 光 源

二、材质与色彩

1. 色彩需要依附空间材质而存在

色彩不能单独凭空存在，而是需要依附在某种材料上，才能够被人们看到，在家居空间中尤其如此。在装饰空间时，材料千变万化，丰富的材质世界，对色彩也会产生或明或暗的影响。

（1）家居中常见材质按照制作工艺可以分为自然材质和人工材质。

自然材质：非人工合成的材质，例如木头、藤、麻等，此类材质的色彩较细腻、丰富，单一材料就有较丰富的层次感，多为朴素、淡雅的色彩，缺乏艳丽的色彩

人工材质：由人工合成的瓷砖、玻璃、金属等，此类材料对比自然材质，色彩更鲜艳，但层次感单薄。优点是无论何种色彩都可以得到满足

（2）室内空间的常见材质按照给人的视觉感受，还可以分为冷材质、暖材质和中性材质。

冷材质：玻璃、金属等给人冰冷的感觉，为冷材质。即使是暖色色相附着在冷材质上，也会让人觉得有些冷感，例如同为红色的玻璃和陶瓷，前者就会比后者感觉冷硬一些

暖材质：织物、皮毛材料具有保温的效果，比起玻璃、金属等材料，使人感觉温暖，为暖材质。即使是冷色，当以暖材质呈现出来时，清凉的感觉也会有所降低

中性材质：木制材质、藤等材质冷暖特征不明显，给人的感觉比较中性，为中性材质。采用这类材质时，即使是采用冷色色相，也不会让人有丝毫寒冷的感觉

2. 材质肌理对空间色彩的影响

除了材质的来源以及冷暖色彩，表面光滑度的差异也会给色彩带来变化。例如瓷砖，同样颜色的瓷砖，经过抛光处理的表面更光滑，反射度更高，看起来明度更高，粗糙一些的表面则明度较低。同种颜色的同一种材质，选择表面光滑与表面粗糙的进行组合，就能够形成不同明度的差异，能够在小范围内制造出层次感。

△将蓝色运用在装饰镜面、装饰画以及布艺抱枕中，材料之间不同的光滑程度构成了丰富的层次感，不显单调

蓝色装饰镜

蓝色背景装饰画

蓝色条纹抱枕

装饰物的材质从左到右，由冷变暖，清凉感有所降低；同时，这种材质多样化，配色统一化的设计手法，令空间协调中不乏变化的美感

三、形态与色彩

1. 形态轮廓对配色的影响

在家居配色时，少不了图案与之搭配，图案的形态轮廓也对家居配色的呈现有着一定影响。例如，图案形态的轮廓线越清晰，色彩对比越强烈；图案形态的轮廓线越复杂，色彩对比越弱化。也就是说，轮廓线清晰度的表现力与空间色彩对比的表现力成正比。

图案轮廓线清晰相对图案轮廓线不明确，显得色彩对比相对强烈

◁抱枕轮廓清晰，在蓝色沙发的大背景下显得突出；地毯轮廓相对圆润，与棕色系地板色彩的对比相对减弱

2. 形态动静态势对配色的影响

图案在家居中都是相对静止的，但由于不同图案，在形态上会形成动静之分。例如，对比一方的边缘为流动的曲线形，就会比另一方的边缘为直线的图案显得具有动感。也就是说，当并置的图案相对稳定时，相互之间的色彩也会比较稳定。当形状动势较强时，相互之间的色彩对比也会增强，令居室环境显得具有活力。

图案动态比静态图案显得更灵动

◁地毯图案较动感，不仅色彩对比鲜明，而且令室内环境更显活泼

3. 形态聚合分离对配色的影响

图案形状越集中，色彩对比越强烈；图案形态越分散，色彩对比效果越弱化。与形态复杂的颜色对比，形态简单的颜色对比效果会增强；而复杂的形态搭配复杂的颜色，由于补偿的特征，则空间色彩对比效果降低，且配色会显得相对杂乱。

前景和背景图案组合简单，
色彩对比相对强烈

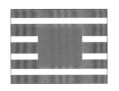

复杂图案形态搭配简单图案，
色彩对比相对削弱

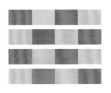

复杂形态搭配复杂色彩，造成
较跳跃的配色印象，显得相对
杂乱

△由于墙面壁纸的图案繁复，因此空间中其他布艺采用纯色搭配，有效避免由于空间图案过多而引起的视觉杂乱

第二节

色彩具备塑造空间与改善空间的功能

一、不同功能空间的配色

1. 客厅的配色表现

客厅色彩是家居设计中非常重要的一个环节，从某种意义上来说，客厅配色是整个居室色彩定调的中心辐射轴心。一般来说，客厅色彩最好以反映热情好客的暖色调为基调，颜色尽量不要超过三个（黑色、白色、灰色除外），如果觉得三个颜色太少，可以调节色彩的明度和彩度。同时，客厅配色可以有较大的色彩跳跃和强烈对比，用以突出重点装饰部位。

另外，客厅墙面色彩是需要重点考虑的对象。首先，可以根据客厅的朝向来定颜色；如果怕出错，则可以运用白色作为墙面色彩，无论搭配任何色彩均十分和谐。其次，墙面色彩要与家具、室外的环境相协调。

CMYK C4 M3 Y3 K0	CMYK C15 M37 Y94 K0	CMYK C23 M44 Y61 K0	CMYK C38 M35 Y26 K0	CMYK C17 M90 Y64 K0

△空间大面积配色为无颜色系，同时用暖色系的黄色、红色作为空间跳色，为空间注入温馨

CMYK C3 M3 Y3 K0	CMYK C50 M57 Y66 K2	CMYK C89 M61 Y20 K0	CMYK C77 M73 Y55 K17

△大面积白色的空间十分通透、明亮，搭配冷色调的蓝色及温暖的木色，均十分协调

2. 餐厅的配色表现

餐厅是进餐的专用场所，具体色彩可根据家庭成员的爱好而定，一般应选择暖色系，如深红色、橘红色、橙色等，其中尤其以纯色调、淡色调、明色调的橙黄色最适宜。这类色彩有刺激食欲的功效，不仅能给人温馨感，还能提高进餐者兴致。另外，餐厅应避免暗沉色用于背景墙，会带来压抑感。但如果比较偏爱沉稳的餐厅氛围，可以考虑将暗沉色用于餐桌椅等家具，或部分墙面及顶面造型中。

| CMYK C3 M3 Y3 K0 | CMYK C31 M52 Y65 K0 | CMYK C36 M32 Y37 K0 | CMYK C86 M77 Y45 K7 |

△大面积的木质与天然石材为餐厅注入温馨感，同时将宝蓝色用在餐椅上，具有稳定配色的作用

餐厅色彩搭配除了需特别注意墙面配色外，桌布色彩也不容忽视。一般来说，桌布选择纯色或多色搭配均可。但在众多色彩中，蓝色是不讨喜的桌布色彩。这是由于蓝色属于冷色调，食物摆放在蓝色桌布上，会令人食欲大减。另外，也不要在餐厅内装蓝色情调灯。科学证明，蓝色灯光会让食物看起来不诱人。如果想营造清爽型或者地中海风格的餐厅，可以把蓝色适当用于墙面、餐椅等的点缀上。

| CMYK C43 M42 Y63 K0 | CMYK C51 M73 Y97 K17 | CMYK C72 M44 Y34 K0 |

△将蓝色运用在墙面柜及餐椅上，令餐厅温馨中不乏清爽

3. 卧室的配色表现

卧室色彩应尽量以暖色系和中性色系为主，过冷或反差过大的色调使用时要注意量的把握，不宜过多。另外，卧室色彩不宜过多，否则会带来视觉上的杂乱感，影响睡眠质量，一般 2 ~ 3 种色彩即可。

卧室顶部多用白色，显得明亮；地面一般采用深色，避免和家具色彩过于接近，会影响空间的立体感和线条感。卧室家具色彩要考虑与墙面、地面等颜色的协调性，浅色家具能扩大空间，使房间明亮、爽洁；中等深色家具可使房间显得活泼、明快。

另外，主卧是居室中最具私密性的房间，一般外人很少进入。在进行色彩设计时，可以充分结合业主喜好搭配；而次卧配色一般可以沿袭主卧基调，保持风格上的统一感，之后略作简化处理。

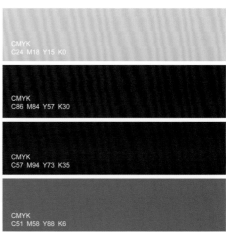

主卧

CMYK
C24 M18 Y15 K0

CMYK
C86 M84 Y57 K30

CMYK
C57 M94 Y73 K35

CMYK
C51 M58 Y88 K6

次卧延续主卧的配色形式，以白色、酒红色、蓝色为主打，只是降低了布艺软装的使用率，统一中不乏变化

次卧

CMYK
C9 M6 Y0 K0

CMYK
C57 M94 Y73 K35

CMYK
C53 M31 Y33 K0

4. 厨房的色彩设计

厨房是高温操作环境，最好选择浅色调作为主要配色，可以有效"降温"。浅色调还具备扩大延伸空间感的作用，令厨房看起来不显局促。大面积浅色调可以用于顶面、墙面，也可以用于橱柜，只需保证用色比例在60%以上即可。另外，由于厨房中存在大量金属厨具，缺乏温暖感，因此橱柜色彩宜温馨，其中原木色橱柜最适合。

CMYK
C8 M6 Y5 K0

CMYK
C37 M51 Y74 K0

CMYK
C76 M81 Y79 K61

△厨房运用大量浅暖色，温馨又明亮，与无彩色系组合十分和谐

空间大、采光足的厨房，可选用吸光性强的色彩，这类低明度色彩给人沉静之感，也较为耐脏；反之，空间狭小、采光不足的厨房，相对适合用明度和纯度较高，反光性较强的色彩，这类色彩具有空间扩张感，在视觉上可弥补空间小和采光不足的缺陷。需要注意的是，无论厨房大小，都应尽量避免大面积深色调，容易使人感到沉闷和压抑；同时不宜使用明暗对比十分强烈的颜色来装饰墙面或顶面，会使厨房面积在视觉上变小。

CMYK
C7 M8 Y7 K0

CMYK
C78 M53 Y100 K20

CMYK
C41 M46 Y62 K0

△小厨房用高明度色彩，具有通透感

CMYK
C7 M8 Y7 K0

CMYK
C64 M65 Y68 K17

CMYK
C21 M35 Y40 K0

△大厨房可用低明度色彩，具有沉静感

5. 卫浴的色彩设计

　　卫浴对于色彩的选择并没有什么特殊禁忌，仅需注意缺乏透明度与纯净感的色彩要少量运用，而干净、清爽的浅色调非常适合卫浴。在适合大面积运用的色调中，如果再运用其中的冷色调（蓝色系、绿色系）来布置卫浴更能体现出清爽感，而像无彩色系中的白色也是非常适合卫浴大面积使用的色彩，但灰色和黑色最好作为点缀色出现。

　　卫浴的墙面、地面在视觉上占有重要地位，颜色处理得当有助于提升装饰效果。一般有白色、浅绿色等。材料可以是瓷砖或马赛克，一般以接近透明液体的颜色为佳，可以有一些淡淡的花纹。

CMYK C27 M17 Y13 K0	CMYK C82 M53 Y42 K0	CMYK C39 M53 Y78 K0

△淡色调蓝色为主角色，再用浓色调蓝色做腰线点缀，清爽而具有层次

CMYK C7 M8 Y7 K0	CMYK C34 M22 Y50 K0	CMYK C48 M57 Y60 K0

△白色和明色调绿色为主角色，明快中又具有自然气息

CMYK C7 M8 Y7 K0	CMYK C23 M14 Y18 K0

△白色使小卫浴看起来更宽敞，镜面和玻璃也是有效扩容面积的好帮手

CMYK C7 M8 Y7 K0	CMYK C86 M82 Y81 K69	CMYK C59 M45 Y70 K1

△黑色的运用增强卫浴现代感，但一定要与白色搭配才不会显得过分压抑

6.书房的色彩设计

书房是学习、思考的空间，宜多用明亮的无彩色系或灰棕色系等中性色，避免强烈、刺激的色彩。家具和饰品的色彩可与墙面保持一致，并在其中点缀一些和谐色彩，例如，书柜里的小工艺品、墙上的装饰画等，这样可打破略显单调的环境。

| CMYK C8 M6 Y5 K0 | CMYK C52 M69 Y87 K15 | CMYK C12 M28 Y48 K0 | CMYK C8 M43 Y89 K0 | CMYK C75 M57 Y100 K25 |

△木色地板、书桌、书架形成色彩延续与呼应，奠定书房的沉稳，再用明度较高的白色和黄色进行调剂，避免空间过于沉闷

7. 玄关的色彩设计

玄关是从大门进入客厅的缓冲区域，一般面积不大，且光线相对暗淡，因此最好选择浅淡色彩，可以清爽的中性偏暖色调为主。如果玄关与客厅一体，则可保持和客厅相同的配色，但依然以白色或浅色为主。在具体配色时，可遵循吊顶颜色最浅，地板颜色最深，墙壁颜色介于两者之间做过渡形式，能带来视觉上的稳定感。

CMYK C8 M6 Y5 K0

CMYK C48 M57 Y74 K3

CMYK C75 M42 Y100 K3

CMYK C38 M31 Y37 K0

CMYK C87 M72 Y19 K0

▷吊顶白色、墙面米灰、地面复古地砖的配色方式，既丰富玄关配色，又具有视觉稳定感

二、色彩改善空间视觉效果

1. 利用色彩改善空间的技巧

　　家居空间难免会出现各式各样的问题，如采光不足、层高过低等，除了利用拆改进行改善之外，色彩在一定程度上也具备改善空间缺陷的作用。这是由于在色彩中，看起来有膨胀感的色彩，也有看起来有收缩感的色彩；有显高的色彩，也有降低空间感的色彩。利用色彩的这些特点，可以从视觉上对空间大小、高矮进行调整。

　　将色相、明度和纯度结合起来对比，会将色彩对空间的作用看得更加明确。暖色相和冷色相对比，前者前进、后者后退；相同色相的情况下高纯度前进、低纯度后退，低明度前进、高明度后退。暖色相和冷色相对比，前者膨胀、后者收缩；相同色相的情况下高纯度膨胀、低纯度收缩，高明度膨胀、低明度收缩。

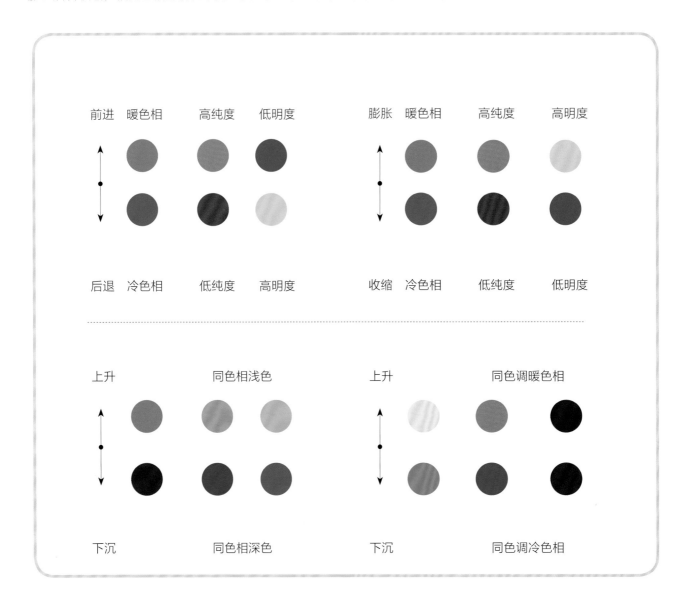

前进色：冷色相和暖色相对比可以发现，高纯度、低明度的暖色相有向前进的感觉。前进色适合在让人感觉空旷的房间中用作背景色，能够避免寂寥感。

CMYK
C51 M98 Y99 K32

▷红色墙面具有前进感，使空间显得紧凑

后退色：与前进色相对，低纯度、高明度的冷色相具有后退的感觉。后退色能够让空间看起来更宽敞，适合在小面积空间或非常狭窄的空间用作背景色。

CMYK
C59 M20 Y18 K0

▷蓝色墙面具有后退感，使空间显得宽敞

膨胀色：能够使物体的体积或面积看起来比本身要膨胀的色彩，高纯度、高明度的暖色相都属于膨胀色。在略显空旷感的家居中，使用膨胀色家具，能够使空间看起来更充实。

CMYK
C13 M19 Y70 K0

▷明度较高的黄色作为厨房的点缀配色，有效化解了空旷感

收缩色：使物体体积或面积看起来比本身大小有收缩感的色彩，低纯度、低明度的冷色相属于此类色彩。在窄小的家居空间中，使用此类色彩的家具，能让空间看起来更宽敞。

CMYK
C24 M8 Y14 K0

▷纯度略低的蓝色作为橱柜色彩，有效扩大空间面积

　　重色：有些色彩让人感觉很重，有下沉感，这种色彩称为重色。相同色相深色感觉重，相同纯度和明度的情况下，冷色系感觉重。空间过高时，吊顶采用重色，地板采用轻色。

CMYK
C62 M75 Y81 K38

▷重色用在顶面，有效降低层高

　　轻色：与重色相对应，使人感觉轻、具有上升感的色彩，称为轻色。相同色相的情况下，浅色具有上升感，相同纯度和明度的情况下，暖色感觉较轻，有上升感。空间较低时，吊顶采用轻色，地板采用重色。

CMYK
C8 M6 Y5 K0

▷顶面为轻色，地面为重色，令空间更显稳定

2. 采光不佳的空间配色调整

房间的采光不好，除了拆除隔墙增加采光外，还可以通过色彩来增加采光度，如选择白色、米色等浅色系，避免暗沉色调及浊色调。同时，要降低家具的高度，材料上最好选择带有光泽度的建材。大面积的浅色系地板、瓷砖材料会很好地改善空间采光不足的问题。另外，浅色材料具有反光性，能够调节居室暗沉的光线。但大面积浅色地面，难免会令空间显得过于单调，因此可以在空间的局部加重色点缀。

适宜配色方案

白色系

CMYK
C0 M0 Y0 K0

△作为基础色，有很好的反光度；若觉得纯白色太过单一，可尝试进行白色系的组合搭配

黄色系

CMYK
C9 M24 Y76 K0

CMYK
C14 M4 Y80 K0

△本身具有阳光色泽，非常适合采光不好的户型，最好选择鹅黄色系

蓝色系

CMYK
C79 M40 Y9 K0

CMYK
C54 M8 Y26 K0

△具有清爽、雅致的色彩印象，能够突破居室烦闷氛围，宜选择纯度高或明度高的蓝色系

同一色调

CMYK
C50 M82 Y9 K22

CMYK
C40 M55 Y88 K1

△家具或地板最好设计为浅色系，这样才能与墙壁搭配得协调统一，不显突兀

3. 层高过低的空间配色调整

层高过低的户型会给人带来压抑感，给居住者带来不好的居住体验。由于不能像层高过高的户型那样做吊顶设计，因此针对层高过低的家居，最简洁有效的方式就是通过配色来改善户型缺陷，其中用浅色吊顶的设计方式最为有效。在设计时，顶、墙、地都可以选择浅色系，但可以在色彩的明度上进行变化。

适宜配色方案

浅色吊顶＋深色墙面

CMYK
C9 M13 Y27 K0

CMYK
C64 M50 Y56 K1

△吊顶为白色、灰白色或浅冷色，在视觉上提升层高，墙壁为对比较强烈的色彩，但黑色等暗色调不适合墙面，容易形成压抑感

浅色系

CMYK
C5 M14 Y25 K0

CMYK
C8 M9 Y16 K0

△浅色系相对于深色系具有延展感，可以顶、墙、地都选择浅色系，并在色彩明度上进行变化

同色相深浅搭配

CMYK
C61 M45 Y90 K2

CMYK
C57 M21 Y48 K0

△同色相深浅搭配具有延展性，可在视觉上拉伸层高；适宜选择明度较高的蓝色、绿色等，可令空间显轻快

不同色相深浅搭配

CMYK
C64 M71 Y71 K27

CMYK
C42 M46 Y60 K0

CMYK
C8 M6 Y5 K0

△有别于同色相深浅搭配，过多色彩会令空间显杂乱，应不超过三个，且其中一个最好为无彩色系中的颜色

4. 狭小型空间配色调整

　　狭小型空间最主要配色诉求就是想办法把空间变大。最佳的色彩选择为高彩度、高明度的膨胀色，可以在视觉上起到"放大"空间的作用。另外，也可以把特别偏爱的颜色用在主墙面，其他墙面搭配同色系的浅色调，就可以令狭小的空间产生层次延伸感。

适宜配色方案

膨胀色

| CMYK C0 M96 Y95 K0 | CMYK C0 M52 Y80 K0 |

△多为黄色、红色、橙色等暖色调，可用作重点墙面的配色或重复的工艺品配色

白色系

| CMYK C0 M0 Y0 K0 |

△白色为背景色，再用浅色系作为主角色或配角色，可通过软装色彩变化丰富空间层次

浅色系

| CMYK C23 M0 Y7 K0 | CMYK C4 M0 Y28 K0 |

△包括鹅黄色、淡粉色、浅蓝色等，可用作背景色，再用同类色作为主角色、配角色及点缀色，但整体家居色彩要尽量统一

中性色

| CMYK C30 M23 Y22 K0 | CMYK C2 M27 Y65 K0 | CMYK C27 M44 Y99 K0 |

△如沙色、石色、浅黄色、灰色、浅棕色等，常用作背景色；比例为3/5浅色墙面+2/5中性色墙面，再用一点儿深色增加配色层次

5. 狭长型空间配色调整

狭长型户型的开间和进深比例失衡比较严重，往往有两面墙的距离比较近，且远离窗户的一面会有采光不佳的缺陷，在设计时墙面背景色要尽量使用淡雅、能够彰显宽敞感的后退色，使空间看起来更舒适、明亮。

狭长型户型一般分为两种：一种是长宽比例在 2：1 左右；另一种的长宽比例则相差很多。第一种情况，可在重点墙面做突出设计，如更换颜色。第二种情况，可在空间墙面采用白色或接近白色的淡色，除了色彩外，材质种类也尽量要单一。

适宜配色方案

低重心配色（白墙＋深色地面）

CMYK
C0 M0 Y0 K0

CMYK
C57 M81 Y100 K38

▷白色墙面可使狭长型空间显得明亮、宽敞，深色地面则可避免空间头重脚轻；同时可搭配彩色软装，但要避免厚重款式

浅色系

CMYK
C2 M17 Y43 K0

CMYK
C6 M0 Y49 K0

▷顶面、墙壁、家具和地面选用同样的浅色实木材料；家具和软装配色可变化，但最好采用同类色

白色＋灰色

CMYK
C0 M0 Y0 K0

CMYK
C30 M23 Y22 K0

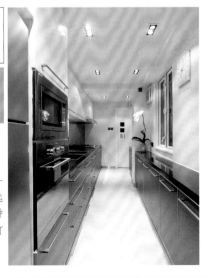

▷主题墙选择其中一种色彩，其他墙面选择另一种色彩；两种色彩搭配使用可以打造出高雅格调的居室

彩色墙面（膨胀色）

CMYK
C0 M96 Y95 K0

CMYK
C0 M52 Y80 K0

▷利用膨胀色为空间主题墙打造视觉焦点，但膨胀色不宜在整个家居配色中使用，会造成视觉污染，使户型缺陷更加明显

6. 不规则空间配色调整

不规则空间的常见阁楼，或带有圆弧或拐角的户型，也会存在一些斜线、斜角、斜顶等形状。这些户型在进行色彩设计时，除了利用配色来化解缺陷之外；有些不规则户型反而是一种特色，可以根据具体情况，利用色彩强化特点。

不规则形状为缺点的户型，一般为不规则卧室、餐厅等相对主要的空间。在进行配色设计时，整个空间的墙面可以全部采用相同色彩或材料，加强整体感，减少分化，使异形的地方不引人注意。有些户型不规则的是玄关、过道等非主体部分，配色时可在地面适当进行色彩拼接，强化这种不规则特点；也可将异形处的墙面与其他墙面色彩进行区分，或用后期软装色彩做区别。其中，背景墙、装饰摆件都可以破例选用另类造型和鲜艳色彩。

适宜配色方案

白色系 + 色彩点缀

| CMYK C0 M0 Y0 K0 | CMYK C93 M88 Y89 K80 | CMYK C48 M64 Y100 K7 |

△白色具有纯净、清爽的视觉效果，能够弱化墙面不规则形状，点缀色可为黑色、木色

浅色吊顶 + 彩色墙面

| CMYK C8 M6 Y5 K0 | CMYK C39 M22 Y40 K0 |

△彩色墙面与浅色吊顶较适合儿童房阁楼配色，彩色墙面符合儿童心理需求，而浅色吊顶则能中和彩色墙面带来的刺激感

色彩拼接

| CMYK C77 M28 Y4 K0 | CMYK C11 M48 Y91 K0 |

△条纹可形成墙面设计亮点，使人忽视户型缺陷，但条纹的色彩拼接最好选择浅淡色系

纯色墙面 + 深色地面

| CMYK C9 M11 Y28 K0 | CMYK C70 M66 Y64 K19 |

△纯色墙面可带来变化性视觉效果，地面色彩宜比墙面略深，具有稳定性；地面色彩也可选择与墙面相近的类似色或百搭的深木色

第三节

整合软装色彩，
空间配色更协调

一、家具

　　家具色彩与整体居室环境应该是既对立又统一的关系。也就是说，家具色彩要协调整体居室的色彩，同时还要有所变化。由于空间背景色不容易更换，如果想突出个性设计，一定要在家具色彩上多下功夫。家具颜色的选择可以有无穷的可能性，所以先确定家具之后，可以根据配色规律来斟酌墙面、地面的颜色，甚至窗帘、工艺品的颜色可以由此展开。

| CMYK C0 M0 Y0 K0 | CMYK C48 M42 Y39 K0 | CMYK C20 M34 Y85 K0 | CMYK C28 M31 Y40 K0 |

△由沙发来确定空间中其他物品的色彩，既有对比配色，又有色彩融合

二、布艺

　　空间中的布艺有很多，包括窗帘、地毯、帷幔、桌布、床品、沙发套、靠垫等。布艺色彩对居室色彩起着举足轻重的作用，如果色彩搭配不当很容易使人产生零乱的感觉，成为居室色彩的干扰因素。如果空间中家具色彩比较深，在挑选布艺时，可以选择一些浅淡的色系，颜色不宜过于浓烈、鲜艳；如果不想改变原有的背景色，则可以选择和原背景色色系相同或相近色调的织物来装饰居室。

| CMYK C1 M1 Y1 K0 | CMYK C22 M52 Y40 K0 | CMYK C81 M46 Y22 K0 | CMYK C15 M19 Y46 K0 |

△空间中的布艺色彩丰富，但由于墙面为包容性极强的白色系，整体空间配色活泼而不杂乱

三、装饰品

装饰画、工艺品、雕塑、灯饰等这些物件虽然体量不大，但其色彩却能对居室氛围起到画龙点睛的作用。饰品色彩常作为居室内的点缀色出现，选择上幅度较大，可以充分结合业主喜好及室内风格来确定。

CMYK C1 M1 Y1 K0	CMYK C88 M84 Y82 K73	CMYK C29 M73 Y60 K0	CMYK C89 M56 Y100 K29

△装饰品的色彩多样，但与抱枕、坐凳之间有所呼应，不显杂乱

四、花艺、绿植

花艺、绿植是家居空间中的绝佳装饰，既可以为空间注入生机，也能够起到丰富空间配色的作用。在居室配色设计时，如果空间色彩较单一，或以无彩色系为主角色时，花艺、绿植的色彩可以丰富一些；若空间色彩本身较丰富，花艺、绿植的色彩则应以柔和色彩为主，或者选取空间中 1~2 种色彩为花艺配色。

CMYK C1 M1 Y1 K0	CMYK C19 M14 Y14 K0	CMYK C55 M66 Y78 K13	CMYK C82 M78 Y76 K58	CMYK C69 M81 Y7 K0

△空间整体色彩十分干净，即使花艺装饰十分亮丽，也不会显得杂乱、突兀，相反会起到提亮空间色彩，丰富配色层次的作用

室内配色设计烦琐而专业，

因此需要时时紧跟潮流，

获取配色创意。

研究国内外的经典装修案例，

不仅能获得设计上的灵感，

更能迅速提高配色水准。

CHAPTER 5

第五章

汲取配色范例精髓，借鉴前沿配色设计

家居空间配色案例赏析

一、客厅

CMYK C7 M7 Y9 K0	CMYK C83 M76 Y75 K54	CMYK C50 M59 Y68 K3

△以无彩色系为主，干净、通透而稳定

CMYK C11 M10 Y6 K0	CMYK C35 M31 Y35 K0	CMYK C30 M44 Y71 K0

△以灰色为主角色，空间内敛，但具有素雅感

CMYK
C10 M6 Y7 K0

CMYK
C72 M63 Y34 K0

CMYK
C85 M51 Y32 K0

△柔色调＋明色调蓝色，空间内敛又不乏变化

CMYK
C10 M6 Y7 K0

CMYK
C71 M60 Y85 K26

CMYK
C60 M67 Y69 K17

△主角色为白色，配角色为浊色，配色印象闭锁

CMYK
C93 M81 Y42 K6

CMYK
C14 M37 Y94 K0

CMYK
C87 M83 Y87 K74

△黄色＋蓝色，形成对比，空间氛围时尚

CMYK
C10 M68 Y32 K0

CMYK
C94 M71 Y33 K0

CMYK
C28 M34 Y97 K0

CMYK
C76 M23 Y33 K0

CMYK
C22 M20 Y62 K0

△不同色调的黄色、蓝色等，丰富配色层次

CMYK
C20 M85 Y74 K0

CMYK
C33 M72 Y49 K0

CMYK
C17 M44 Y51 K0

△地毯纹样动感，同相型配色也不显单调

CMYK
C11 M2 Y2 K0

CMYK
C86 M53 Y7 K0

CMYK
C33 M100 Y95 K1

CMYK
C16 M34 Y92 K0

CMYK
C85 M41 Y100 K3

CMYK
C86 M100 Y49 K20

△软装运用全相型配色，渲染热烈节日氛围

二、餐厅

CMYK
C18 M13 Y14 K0

CMYK
C46 M36 Y25 K0

CMYK
C56 M67 Y76 K15

△白色为空间中的大面积色彩，木色为主角色，形成干净、自然型餐厅

CMYK
C42 M51 Y59 K0

CMYK
C14 M75 Y92 K0

CMYK
C16 M10 Y7 K0

CMYK
C100 M96 Y56 K18

△纯度较高的蓝色、橙色，为白色＋木色空间增添色彩跳跃

CMYK C16 M10 Y7 K0	CMYK C51 M23 Y39 K0	CMYK C36 M42 Y61 K0

△青绿色背景色，木色主角色，营造清爽、温馨型餐厅

CMYK C47 M67 Y84 K7	CMYK C19 M26 Y33 K0	CMYK C52 M95 Y77 K26	CMYK C66 M52 Y81 K9

△木色背景墙形成视觉焦点，搭配红色、绿色点缀，配色沉稳不失活力

CMYK
C1 M87 Y75 K0

CMYK
C76 M80 Y79 K0

CMYK
C82 M39 Y29 K0

CMYK
C81 M57 Y100 K29

◁红色＋蓝色的互补色设计，
形成了空间的视觉冲击感

三、卧室

| CMYK
C6 M6 Y1 K0 | CMYK
C85 M79 Y74 K59 | CMYK
C58 M63 Y73 K12 | CMYK
C73 M47 Y92 K7 |

△大面积白色卧室用少量黑色稳定配色，用棕色、绿色提升自然氛围

| CMYK
C6 M6 Y1 K0 | CMYK
C64 M60 Y58 K6 | CMYK
C33 M26 Y82 K0 |

△明度较高的黄色在无彩色系空间中形成跳色，其暖色调色彩为卧室增温

| CMYK
C6 M6 Y1 K0 | CMYK
C53 M99 Y100 K38 | CMYK
C36 M20 Y31 K0 | CMYK
C3 M67 Y22 K0 | CMYK
C41 M57 Y82 K1 | CMYK
C80 M45 Y100 K7 | CMYK
C26 M29 Y95 K0 | CMYK
C80 M34 Y35 K0 |

△地毯色彩丰富，却与抱枕、绿植等软装形成色彩呼应，配色多而不杂

CMYK
C6 M6 Y1 K0

CMYK
C66 M55 Y58 K4

CMYK
C76 M30 Y36 K0

CMYK
C46 M99 Y52 K2

CMYK
C77 M79 Y67 K42

▷少量浓色调的玫红色、宝蓝色为卧室增添了品质感

CMYK
C12 M18 Y22 K0

CMYK
C46 M72 Y91 K9

CMYK
C76 M78 Y80 K58

CMYK
C71 M58 Y38 K0

CMYK
C49 M90 Y58 K6

▷大量木色为卧室奠定自然、沉稳基调，柔和的米白色则中和了厚重感

四、书房

CMYK
C2 M0 Y1 K0

CMYK
C49 M47 Y52 K0

CMYK
C47 M75 Y100 K12

CMYK
C78 M81 Y58 K28

CMYK
C25 M38 Y76 K0

△白色墙面＋灰色吊顶形成低重心配色，令空旷书房显紧凑

CMYK
C2 M0 Y1 K0

CMYK
C56 M69 Y62 K9

CMYK
C59 M91 Y92 K51

CMYK
C21 M57 Y76 K0

△白色搭配不同明度的棕色，形成经典书房配色，沉稳中不乏变化

CMYK
C2 M0 Y1 K0

CMYK
C60 M86 Y100 K51

CMYK
C12 M28 Y49 K0

CMYK
C90 M56 Y78 K23

▷白色和木色搭配的书房中加入了绿色调剂，是点睛配色

CMYK
C2 M0 Y0 K0

CMYK
C66 M78 Y100 K53

CMYK
C18 M43 Y78 K0

CMYK
C69 M51 Y36 K0

▷黄色＋蓝色几何图案地毯丰富空间色彩，也带来视觉变化

五、厨房

CMYK C2 M0 Y1 K0	CMYK C77 M72 Y68 K37	CMYK C49 M62 Y69 K4

△ 白色和木色组合的厨房，其清净的配色可以有效降躁

CMYK C2 M0 Y71 K0	CMYK C24 M38 Y43 K0	CMYK C29 M16 Y15 K0	CMYK C75 M59 Y100 K29

△ 淡色调蓝色钢化玻璃墙面，无论色彩还是材质均为厨房带来清爽视感

CMYK C2 M0 Y1 K0	CMYK C66 M81 Y87 K55	CMYK C55 M39 Y34 K0	CMYK C80 M56 Y43 K1

△ 浓色调蓝色吧台椅与淡浊蓝色墙面形成色彩延续，平衡了大面积深木色的重量感

CMYK
C2 M0 Y0 K0

CMYK
C87 M87 Y71 K61

CMYK
C54 M73 Y72 K15

CMYK
C8 M15 Y88 K0

CMYK
C65 M36 Y47 K0

▷墙面花砖丰富了厨房配
色，为大面积白色空间带
来视觉变化

CMYK
C2 M0 Y1 K0

CMYK
C87 M87 Y71 K61

CMYK
C11 M39 Y54 K0

▷白色、黑色、木色几乎
等比，整体空间色彩个性
中不失稳定

六、卫浴

CMYK
C2 M0 Y1 K0

CMYK
C32 M42 Y49 K0

CMYK
C74 M45 Y35 K0

◁白色、木色和蓝色塑造卫浴，
清爽又自然

CMYK
C2 M0 Y1 K0

CMYK
C32 M41 Y55 K0

CMYK
C58 M33 Y56 K0

◁用木色和明色调绿色作为点缀，
避免大面积白色空间的寡淡

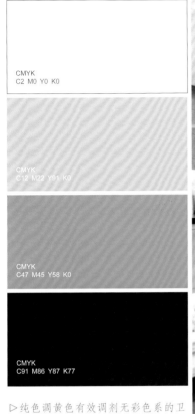

CMYK
C2 M0 Y0 K0

CMYK
C12 M22 Y91 K0

CMYK
C47 M45 Y58 K0

CMYK
C91 M86 Y87 K77

▷纯色调黄色有效调剂无彩色系的卫
浴、时尚、个性

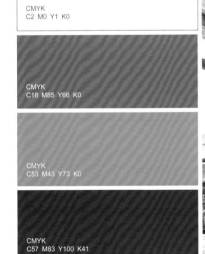

CMYK
C2 M0 Y1 K0

CMYK
C18 M85 Y66 K0

CMYK
C53 M43 Y73 K0

CMYK
C57 M83 Y100 K41

▷红色、绿色和木色组合，营造出自
然气息浓郁的卫浴空间

七、玄关

CMYK C20 M16 Y12 K0	CMYK C59 M62 Y82 K15	CMYK C60 M38 Y34 K0	CMYK C78 M74 Y78 K52

△地面花砖为玄关带来视觉变化，在白色和木色的空间中别具一格

CMYK C20 M16 Y12 K0	CMYK C57 M46 Y46 K0	CMYK C25 M24 Y52 K0

△白色和灰色组合的玄关，具有高级感，辅以黄色，增加活力

CMYK
C20 M16 Y12 K9

CMYK
C79 M76 Y75 K53

CMYK
C19 M88 Y86 K0

CMYK
C8 M13 Y8 K0

▷红色和黄色作为同类型配色，
丰富玄关配色，又很稳定

CMYK
C83 M70 Y64 K30

CMYK
C44 M51 Y52 K0

CMYK
C28 M50 Y100 K0

CMYK
C42 M100 Y100 K9

CMYK
C20 M16 Y12 K0

▷背景色为暗浊色调蓝色，为了
避免压抑，主角色、点缀色不宜
过暗

一、办公空间

CMYK
C2 M0 Y0 K0

CMYK
C74 M68 Y64 K24

CMYK
C61 M27 Y95 K0

CMYK
C24 M32 Y78 K0

CMYK
C26 M76 Y91 K0

◁无彩色系中加入明度较高的绿色、黄色和橙色，办公空间高效而不失活力

CMYK
C2 M0 Y0 K0

CMYK
C39 M44 Y51 K0

CMYK
C72 M93 Y65 K47

CMYK
C96 M80 Y0 K0

CMYK
C80 M48 Y100 K10

◁办公空间的点缀色多为中性色，易于体现办公环境的效率感

CMYK
C12 M9 Y9 K0

CMYK
C71 M66 Y68 K25

CMYK
C49 M48 Y82 K1

CMYK
C47 M99 Y100 K18

▷座椅色彩丰富，缓解了大量
灰色带来的冷硬感

CMYK
C12 M9 Y9 K0

CMYK
C56 M67 Y79 K15

CMYK
C73 M80 Y66 K40

CMYK
C50 M100 Y100 K27

CMYK
C33 M18 Y87 K0

▷软装色彩丰富，体现出时尚、
开放的办公环境

CMYK
C12 M9 Y9 K0

CMYK
C49 M42 Y66 K0

CMYK
C52 M95 Y100 K36

CMYK
C86 M62 Y100 K45

▷木质本身的红棕色为办公空
间注入理性、沉稳的气息

二、餐饮空间

CMYK
C93 M88 Y89 K80

CMYK
C59 M69 Y99 K28

CMYK
C46 M43 Y56 K0

CMYK
C76 M54 Y59 K7

◁ 大面积木色增添餐饮空间的自然感，加入黑色起到稳定配色的作用

CMYK
C12 M9 Y9 K0

CMYK
C31 M46 Y74 K0

CMYK
C80 M39 Y10 K0

CMYK
C35 M63 Y17 K0

CMYK
C25 M39 Y90 K0

◁ 座椅配色为四角型，为整体温馨的空间配色增添了活力

CMYK
C26 M17 Y21 K0

CMYK
C44 M52 Y80 K0

CMYK
C83 M54 Y79 K16

CMYK
C18 M93 Y88 K0

◁ 利用红绿对比作为餐饮空间的点缀色，配色印象开放

CMYK
C55 M67 Y91 K18

CMYK
C94 M76 Y52 K16

CMYK
C75 M36 Y96 K0

CMYK
C41 M79 Y71 K3

▷餐饮空间的暗浊色调较多，因此加
入大量木色进行中和，增添暖度

CMYK
C12 M9 Y9 K0

CMYK
C85 M82 Y89 K74

CMYK
C46 M92 Y100 K15

CMYK
C86 M83 Y44 K8

CMYK
C79 M50 Y25 K0

CMYK
C27 M42 Y73 K0

▷利用红蓝互补色为餐饮空间增添视
觉冲击，营造带有时代感的用餐环境

三、精品店

CMYK
C12 M9 Y9 K0

CMYK
C77 M72 Y62 K32

CMYK
C46 M100 Y94 K16

CMYK
C87 M69 Y30 K0

◁利用模特的衣着色彩作为点缀配色，使无彩色系的空间变得不再沉闷

CMYK
C12 M9 Y9 K0

CMYK
C42 M47 Y57 K0

◁白色和木色搭配柔和而温润，十分适合童装精品店

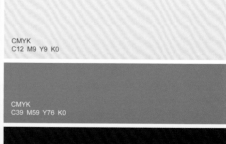

CMYK
C12 M9 Y9 K0

CMYK
C39 M59 Y76 K0

CMYK
C74 M80 Y79 K58

◁女包的色彩丰富，因此空间色彩宜理性、沉稳，才不会喧宾夺主

CMYK
C12 M9 Y9 K0

CMYK
C53 M40 Y35 K0

CMYK
C53 M62 Y75 K0

▷白色＋灰色＋木色搭配，沉稳不失
温度，是精品店的经典配色

CMYK
C12 M9 Y9 K0

CMYK
C78 M53 Y100 K20

CMYK
C19 M53 Y24 K0

CMYK
C32 M37 Y79 K0

▷利用软装丰富店面配色，制造精
致感，凸显衣物品质

四、酒店会所

CMYK
C12 M9 Y9 K0

CMYK
C71 M71 Y77 K40

CMYK
C61 M41 Y100 K1

CMYK
C6 M15 Y86 K0

◁座椅的黄色、绿色为膨胀色，令空旷的过道不显清冷

CMYK
C12 M9 Y9 K0

CMYK
C10 M25 Y86 K0

CMYK
C46 M63 Y89 K4

CMYK
C27 M100 Y100 K0

◁金色和红色营造热烈气息，搭配软装充满异域情调

CMYK
C12 M9 Y9 K0

CMYK
C88 M84 Y81 K71

CMYK
C65 M69 Y83 K32

◁以黑色和白色为主角色的客房，充满理性，适合商务人士